普通高等职业教育"十三五"规划教材

PHP 基础案例教程

主编 骆 华 徐 辉 胡 煜

天津大学出版社
TIANJIN UNIVERSITY PRESS

图书在版编目（CIP）数据

PHP 基础案例教程 / 骆华，徐辉，胡煜主编 . — 天津 : 天津大学出版社 , 2019.6（2020.7重印）

普通高等职业教育"十三五"规划教材

ISBN 978-7-5618-6240-7

Ⅰ.① P… Ⅱ.①骆… ②徐… ③胡… Ⅲ.① PHP 语言—程序设计—高等职业教育—教材 Ⅳ.① TP312.8

中国版本图书馆 CIP 数据核字 (2018) 第 210908 号

出版发行 天津大学出版社

地	址	天津市卫津路 92 号天津大学内（邮编：300072）
电	话	发行部：022-27403647
网	址	publish.tju.edu.cn
印	刷	北京盛通印刷股份有限公司
经	销	全国各地新华书店
开	本	185mm×260mm
印	张	18
字	数	462 千
版	次	2019 年 6 月第 1 版
印	次	2020 年 7 月第 2 次
定	价	38.00 元

目录
CONTENTS

第1章

初识PHP

1.1 PHP 概述

PHP 起源于 1995 年，由 Rasmus Lerdorf 开发。到现在，PHP 经历了 20 多年的时间的洗涤，成为全球最受欢迎的脚本语言之一。由于 PHP 5 是一种面向对象的、完全跨平台的新型 Web 开发语言，所以无论从开发者的角度考虑还是从经济的角度考虑，都是非常实用的。PHP 语法结构简单，易于入门，很多功能只需一个函数即可实现，并且很多机构都相继推出了用于开发 PHP 的 IDE 工具、Zend 搜索引擎等新型技术。

1.1.1 什么是 PHP

PHP 是 Hypertext Preprocessor（超文本预处理器）的缩写，是一种服务器端、跨平台、HTML 嵌入式的脚本语言，其独特的语法混合了 C 语言、Java 语言和 Perl 语言的特点，是一种被广泛应用的开源式的多用途脚本语言，尤其适合 Web 开发。

PHP 是 B/S（Browser/Server 的简写，即浏览器/服务器模式）体系结构，属于三层结构。服务器启动后，用户可以不使用相应的客户端软件，只使用 IE 浏览器即可访问，既保持了图形化的用户界面，又大大减少了应用维护量。

1.1.2 PHP 语言的优势

PHP 起源于自由软件，即开放源代码软件，使用 PHP 进行 Web 应用程序的开发具有以下优势。

（1）安全性高：PHP 是开源软件，每个人都可以看到所有 PHP 的源代码，程序代码与 Apache 编译在一起的方式也可以让它具有灵活的安全设定。PHP 具有公认的安全性能。

（2）跨平台特性：PHP 几乎支持所有的操作系统平台（如 Win32 或 UNIX/Linux/Macintosh/FreeBSD/OS2 等），并且支持 Apache、Nginx、IIS 等多种 Web 服务器，并因此而广为流行。

（3）支持广泛的数据库：可操纵多种主流与非主流的数据库，如 MySQL、Access、SQL Server、Oracle、DB2 等，其中 PHP 与 MySQL 是目前最佳的组合，它们的组合可以跨平台运行。

（4）易学性：PHP 嵌入在 HTML 语言中，以脚本语言为主，内置丰富函数，语法简单、书写容易，方便学习、掌握。

（5）执行速度快：占用系统资源少，代码执行速度快。

（6）免费：在流行的企业应用 LAMP 平台中，Linux、Apache、MySQL、PHP 都是免费软件，这种开源免费的框架结构可以为网站经营者节省一笔很大的开支。

（7）模板化：实现程序逻辑与用户界面分离。

（8）支持面向对象与过程：支持面向对象和过程的两种开发风格，并可向下兼容。

（9）内嵌 Zend 加速引擎，性能稳定、快速。

 ### 1.1.3　PHP 5 的新特性

PHP 5 中的对象已经进行了较为系统和全面的调整，下面着重讲述 PHP 5 中新的对象模式。

（1）构造函数和析构函数。

（2）对象的引用。

（3）对象的克隆（clone）。

（4）对象中的私有、公共及受保护模式（public/private 和 protected 关键字）。

（5）接口（Interface）。

（6）抽象类。

（7）_call。

（8）_set 和 _get。

（9）静态成员。

 ### 1.1.4　PHP 的发展趋势

由于 PHP 是一种面向对象的、完全跨平台的新型 Web 开发语言，所以无论从开发者角度考虑还是从经济角度考虑，都是非常实用的。PHP 语法结构简单，易于入门，很多功能只需一个函数就可以实现，并且很多机构都相继推出了用于开发 PHP 的 IDE 工具。

现在，越来越多的新公司或者新项目使用 PHP，这使得 PHP 相关社区越来越活跃，而这又反过来影响到很多项目或公司的选择，形成一个良性循环，因此 PHP 是国内大部分 Web 项目的首选。PHP 速度快，开发成本低，后期维护费用低，开源产品丰富，这些都是很多语言无法比拟的。而随着 4G 和移动互联网技术的兴起，越来越多的 Web 应用也选择了 PHP 作为主流的技术方案。

全球排名前 27 的网站前端开发语言统计如图 1-1 所示，40％是使用 PHP 语言开发的，其中包括排名第一的 Facebook，以及日常上网经常会用到的网站，雅虎、百度、腾讯、淘宝、新浪、hao123、天猫、搜狐等。由此可以看出，PHP 语言应用广泛，相信它将会朝着更加企业化的方向迈进，并且将更适合大型系统的开发。

序号	网站	程序	OS	DB
1	Facebook	PHP	Linux+Apache	MySQl
2	GOOGLE	Python	集群(自主研发)	集群
3	YouTube	Python	集群	集群
4	Yahoo!	PHP	FreeBSD+Apache	MySQL
5	百度	PHP	Linux+Apache	集群
6	维基百科	PHP	Linux+Apache	MySQL
7	亚马逊	CGI	Linux	Oracle
8	Windows Live	ASP.NET	Windows+IIS	MsSQL
9	腾讯QQ	PHP	集群	集群
10	淘宝	PHP	Linux	Oracle
11	Blogspot	Python	集群	集群
12	Twitter	Ruby	未知	NoSQL
13	LinkedIn	JSP	未知	未知
14	Bing	ASP.NET	Windows+IIS	MsSQL
15	新浪	PHP	Linux+Apache	MySQL
16	Яндекс	PHP	集群	集群
17	MSN	ASP.NET	Windows+IIS	MsSQL
18	ВКонтакте	PHP	Linux+Apache	MySQL
19	eBay	ASP.NET	Windows+IIS	Oracle
20	WordPress	PHP	Linux+Apache	MySQL
21	网易	JSP	Linux+Apache	Oracle
22	新浪微博	PHP	FreeBSD+Apache	MySQL
23	微软	ASP.NET	Windows+IIS	MsSQL
24	Tumblr	PHP	Linux+Apache	MySQL
25	Ask	ASP.NET	Windows+IIS	MsSQL
26	Hao123	PHP	Linux+Apache	MySQL
27	xvideos	未知	Nginx	Redis

图 1-1　全球排名前 27 的网站前端开发语言统计图

 1.1.5　PHP 的应用领域

在互联网高速发展的今天，PHP 的应用范围非常广泛，应用领域主要包括：

（1）中小型网站的开发。

（2）大型网站的业务逻辑结果展示。

（3）Web 办公管理系统。

（4）硬件管控软件的 GUI。

（5）电子商务应用。

（6）Web 应用系统开发。

（7）多媒体系统开发。

（8）企业级应用开发。

（9）移动互联网开发。

PHP 正吸引着越来越多的 Web 开发人员。PHP 无处不在，它可应用于任何地方、任何领域，并且已拥有几百万个用户，其发展速度要快于在它之前的任何一种计算机语言。PHP 能够给企业和最终用户带来数不尽的好处。据统计，全世界有超过 2200 万的网站和 1.5 万家公司在使用 PHP 语言，包括百度、雅虎、Facebook、淘宝、腾讯、新浪、搜狐等著名网站，也包括汉莎航空电子订票系统、德意志银行的网上银行、华尔街在线的金融信息发布系统等，甚至军队系统也选择使用 PHP 语言。

1.2　扩展库

PHP 5 一直在升级更新，围绕着性能、安全与新特性，不断为开发者提供新的动力。PHP 提供了一些扩展库，这些扩展库使 PHP 如虎添翼，更加灵活方便，如网上社区、BBS 论坛等。如果没有扩展库的支持，它们都可能无法使用，因此在安装 PHP 时要根据以后的用途选择安装。

PHP 5 的扩展库包括标准库 SPL（Standard PHP Library）和外部扩展库 PECL（PHP ExtensionCommunity Library）。标准库即被编译到 PHP 内部的库。历史上标准库指的是 Standard 扩展（默认即编译进 PHP），但 PHP 5 出现后，标准库实际上成了代名词。PHP 5 新增内置标准扩展库：XML 扩展库－DOM、SimpleXML 以及 SQLite 等，而类似 MySQL、MySQLi、Overload、GD2 等库则被放在 PECL 外部扩展库中，需要时在 php. ini 配置文件中选择加载。

在 Windows 下加载扩展库，是通过修改 php. ini 文件来完成的。用户也可以在脚本中通过使用 dl（）函数来动态加载。PHP 扩展库的 DLL 文件都具有"php＿"前缀。

很多扩展库都内置于 Windows 版本的 PHP 中，要加载这些扩展库不需要额外的 DLL 文件和 extension 配置指令。Windows 下的 PHP 扩展库列表列出了需要或曾经需要额外的 DLL 文件的扩展库。

在编辑 php. ini 文件时，应注意以下几点。

需要修改 extension＿dir 设置以指向用户放置扩展库的目录或者放置 php＿*. dll 文件的位置。例如：

extension dir ＝ C：\ php \ extensions

要在 php. ini 文件中启用某扩展库，需要去掉 extension－php＿*. dll 前的注释符号，即将需要加载的扩展库前的";"删除。例如启用 Bzip2 扩展库，需要将下面这行代码：

extension＝php＿bz2. dll

改成：

extension＝ php＿bz2. dll

某些 DLL 绑定在了 PHP 发行包中。PECL 中有日益增加、数目巨大的 PHP 扩展库，这些扩展库都需要单独下载。

PHP 内置扩展库列表如表 1-1 所示。

表 1-1　PHP 内置扩展库列表

扩展库	说明	注解
php_bz2.dll	Bzip2 压缩函数库	无
php_calendar.dll	历法转换函数库	自 PHP4.0.3 起内置
php_cpdf.dll	ClibPDF 函数库	无
php_crack.dll	密码破解函数库	无
php_ctype.dll	ctype 家族函数库	自 PHP4.3.0 起内置
php_curl.dll	CURL，客户端 URL 函数库	需要 libeay32.dll，ssleay32.dll（已附带）
php_cycrash.dll	网络现金支付函数库	PHP≤4.2.0 版本之前内置
php_dbase.dll	dBase 函数库	无
php_dba.dll	DBA，数据库（dbm 风格）抽象层函数库	无
php_dbx.dll	dbx 函数库	无
php_domxml.dll	DOM XML 函数库	PHP≤4.2.0 需要 libxml2.dll（已附带），PHP≥4.3.0 需要 icon.dll（已附带）
php_dotnet.dll	.NET 函数库	PHP≤4.1.1
php_exif.dll	EXIF 函数库	需要 php_mbstring.dll，并且在 php.ini 中，php_exif.dll 必须在 php_mbstring.dll 之后加载
php_fbsql.dll	frontBase 函数库	PHP≤4.2.0
php_fdf.dll	FDF：表单数据格式化函数库	需要 fdftk.dll（已附带）
php_filepro.dll	filePro 函数库	只读访问
php_ftp.dll	FTP 函数库	自 PHP4.0.3 起内置
php_gd.dll	GD 库图像函数库	自 PHP4.0.3 中删除。此外注意在 GDI 中不能用真彩色函数，应用 php_gd2.dll 替代
php_gd2.dll	GD2 函数库	GD2
php_gettext.dll	Gettext 函数库	PHP≤4.2.0 需要 gun_gettext.dll（已附带），PHP≥4.2.3 需要 libintl−1.dll，iconv.dll（已附带）
php_hyperwave.dll	HyperWave 函数库	无
php_iconv.dll	ICONV 字符集转换	需要 iconv−1.3.dll（已附带）
php_ifx.dll	Informix 函数库	需要 Informix 库
php_iisfunc.dll	IIS 管理函数库	无
php_imap.dll	IMAP，POP3 和 NNTP 函数库	无

续表

扩展库	说明	注解
php _ ingres. dll	Ingres II 函数库	需要 Ingres II 库
php _ interbase. dll	InterBase functions	需要 gds32. dll（已附带）
php _ java. dll	Java 函数库	PHP≤4.0.6 需要 jvm. dll（已附带）
php _ ldap. dll	LDAP 函数库	PHP≤4.2.0 需要 libsasl. dll（已附带）；PHP≥4.3.0 需要 libeasy32. dll，ssleay32. dll（已附带）
php _ mbstring. dll	多字节字符串函数库	无
php _ mcrypt. dll	Mcrypt 加密函数库	需要 libmcrypt. dll
php _ mhash. dll	Mhash 函数库	PHP≥4.3.0 需要 libmhash. dll（已附带）
php _ mime _ magic. dll	Mimetype 函数库	需要 libmcrypt. dll
php _ mhash. dll	Mhash 函数库	PHP≥4.3.0 需要 libmhash. dll（已附带）
php _ mime _ magic. dll	Mimetype 函数库	需要 magic. mime（已附带）
php _ ming. dll	Ming 函数库（Flash）	无
php _ msql. dll	mSQL 函数库	需要 msql. dll（已附带）
php _ mssql. dll	MsSQL 函数库	需要 ntwdblib. dll
php _ mysql. dll	MySQL 函数库	PHP≥5.0.0 需要 libmysql. dll
php _ oci8. dll	Oracle8 函数库	需要 Oracle8.1＋客户端库
php _ openssl. dll	OpenSSL 函数库	需要 libeasy32. dll
php _ oracle. dll	Oracle 函数库	需要 Oracle7 客户端库
php _ overload. dll	对象重载函数库	自 PHP4.3.0 起内置
php _ pdf. dll	PDF 函数库	无
php _ pgsql. dll	PostgreSQL 函数库	无
php _ printer. dll	打印机函数库	无
php _ shmop. dll	共享内存函数库	无
php _ snmp. dll	SNMP 函数库	仅用于 Windows. NT
php _ soap. dll	SOAP 函数库	PHP≥5.0.0
php _ sockets. dll	Socket 函数库	无
php _ sybase _ ct. dll	Sybase 函数库	无
php _ tidy. dll	Tidy 函数库	PHP≥5.0.0
php _ tokenizer. dll	Tokenizer 函数库	自 PHP4.3.0 起内置
php _ w32api. dll	W32api 函数库	无
php _ xmlrpc. dll	XML _ RPC 函数库	PHP≥4.2.1 需要 iconv. dll

续表

扩展库	说明	注解
php_xslt.dll	XSLT 函数库	PHP<4.2.0需要 sablot.dll, expat.dll, PHP≥4.2.1需要 sablot.dll, expat.dll., iconv.dll
php_yaz.dll	YAZ 函数库	需要 yaz.dll
php_zip.dll	Zip 文件函数库	只读访问
php_zlib.dll	ZLib 压缩函数库	自 PHP4.3.0起内置

注：≤表示该版本及以前版本，≥表示该版本及以后版本

 ## 1.3 如何学好 PHP

如何学好 PHP 语言是所有初学者共同面临的问题。其实，每种语言的学习方法都大同小异，需要注意的有以下几点。

学会配置 PHP 的开发环境，选择一种适合自己的开发工具。

扎实的基础对于一个程序员来说尤为重要，因此建议读者多阅读一些基础教材，了解基本的编程知识，掌握常用的函数。

了解设计模式。开发程序必须编写程序代码，这些代码必须具有高度的可读性，这样才能使编写程序具有调试、维护和升级的价值，学习一些设计模式，能更好地把握项目的整体结构。

多实践，多思考，多请教。不要死记语法，在刚接触一门语言，特别是学习 PHP 语言时，要掌握好基本语法，反复实践。仅读懂书本中的内容和技术是不行的，必须动手编写程序代码，并运行程序、分析运行结构，让大脑对学习内容有个整体的认识和肯定。用自己的方式去思考问题、编写代码来提高编程思想。平时可以多借鉴网上一些好的功能模块，培养自己的编程思想。

多向他人请教，学习他人的编程思想。多与他人沟通技术问题，提高自己的技术和见识。这样才可以快速进入学习状态。

学技术最忌急躁，遇到技术问题，必须冷静对待，不要让自己的大脑思绪紊乱，保持清醒的头脑才能分析和解决各种问题。可以尝试听歌、散步、玩游戏等活动放松自己。遇到问题，还要尝试自己解决，这样可以提高自己的程序调试能力，并对常见问题有一定的了解，明白出错的原因，进而举一反三，解决其他关联的错误问题。

PHP 函数有几千种，需要下载一个 PHP 中文手册和 MySQL 手册，或者查看 PHP 函数类的相关书籍，以便解决程序中出现的问题。

现在很多 PHP 案例书籍都配有教学视频，可以看一些视频以领悟他人的编程思想。只有掌握了整体的开发思路之后，才能够系统地学习编程。

要养成良好的编程习惯；遇到问题不要放弃，要有坚持不懈、持之以恒的精神。

1.4 学习资源

下面推荐一些学习 PHP 的相关资源。使用这些资源可以帮助读者找到精通 PHP 的捷径。

 ### 1.4.1 常用软件资源

1. PHP 开发工具

PHP 的开发工具很多，常用的有 Dreamweaver、ZendStudio、PhpStorm、Notepad＋＋和 EditPlus 等。每个开发工具各有优势，一个好的开发工具往往会达到事半功倍的效果，可根据自己的需求选择使用。

开发工具下载网站为 http://www.onlinedown.net/或 http://www.skycn.com/。

2. 下载 PHP 用户手册

学习 PHP 语言，配备一个 PHP 参考手册是必要的，就像在学习汉字时手中必须具备一本新华字典一样。PHP 参考手册对 PHP 的函数进行了详细的讲解和说明，并且还给出了一些简单的示例，同时还对 PHP 的安装与配置、语言参考、安全和特点等内容进行了介绍。

在 http://www.php.net/docs.php 网站上，提供有 PHP 的各种语言、格式和版本的 PHP 参考手册，读者可以进行在线阅读，也可以下载。

PHP 参考手册不但对 PHP 的函数进行了解释和说明，而且还提供了快速查找的方法，让用户可以更加方便地查找到指定的函数。PHP 参考手册下载版如图 1-2 所示。

图 1-2　PHP 参考手册下载版

 ### 1.4.2 常用网上资源

下面提供一些大型的 PHP 技术论坛和社区，这些资源不但可以提高 PHP 编程者的技术水平，也是程序员学习和工作的好帮手。

1. PHP 官网

http://www.php.net

2. PHP 技术论坛

PHP100

http://www.php100.com

PHP 中国

http://www.phpchina.com

1.4.3 主要图书网站

下面提供一些国内比较大的 PHP 图书网站，内容丰富、信息全面、查阅方便，是读者了解 PHP 图书信息的窗口。

当当网

http://book.dangdang.com

亚马逊中国

http://www.amazon.cn

京东网

http://book.jd.com

互动出版网

www.china—pub.com

明日图书网

http://www.mingribook.com

1.5 网站建设的基本流程

建立一个网站是需要特定工作流程的。本节将介绍网站建设的基本流程，使读者在明确开发流程的基础上，能够更顺利地进行网站开发工作。网站建设的基本流程如图 1-3 所示。

图 1-3 网站建设的基本流程

1.6　难点解答

 ### 1.6.1　为什么要设置文件编码格式为 UTF－8

UTF－8 是 Unicode 的一种变长字符编码，简单地说，该字符集可以解决多种语言文本的显示问题，如网站中可以同时显示中文、英文或者日文等，从而实现应用国际化和本地化。此外，UTF－8 还能够兼容 ASCII 码、前缀码。

1.6.2　运行 PHP 程序前，先开启 phpStudy

很多初学者在运行 PHP 程序时，会遇到浏览器提示"无法访问此网站"的情况，这个问题很有可能是由于没有开启 phpStudy 导致的。所以，在运行 PHP 程序时，请确保已经开启 phpStudy。

 # 1.7　小结

本章重点讲述了 PHP 的发展历程及语言优势，介绍了 PHP 5 的新增功能以及 PHP5 的扩展库。在学习 PHP 之前，先学习了一些术语与专有名词，最后学习了构建网站的基本流程与 PHP 相关资源的获取路径。

 # 1.8　实践与练习

1. 怎样理解 PHP 的概念。
2. PHP 的语言优势有哪些。
3. PHP 主要应用在哪些领域。

第2章

PHP环境搭建和语言基础

 ## 2.1 在 Windows 下使用 WampServer

对于初学者来说，Apache、PHP 以及 MySQL 的安装和配置较为复杂，这时可以选择 WAMP（Windows＋Apache＋MySQL＋PHP）集成安装环境快速安装配置 PHP 服务器。集成安装环境就是将 Apache、PHP 和 MySQL 等服务器软件整合在一起，免去了单独安装配置服务器带来的麻烦，实现了 PHP 开发环境的快速搭建。

目前比较常用的集成安装环境是 WampServer 和 AppServ，它们都集成了 Apache 服务器、PHP 预处理器以及 MySQL 服务器。本书以 WampServer 为例介绍 PHP 服务器的安装与配置。

 ### 2.1.1 PHP 开发环境的安装

1. 安装前的准备工作

安装 WampServer 之前应从其官方网站上下载安装程序。下载地址为 http://www.wampserver.com/en/download.php，目前比较新的 WampServer 版本是 WampServer 2.5。

2. 安装 WampServer

使用 WampServer 集成化安装包搭建 PHP 开发环境的具体操作步骤如下。

（1）双击 WampServer2.5.exe，打开 WampServer 的启动界面，如图 2-1 所示。

（2）单击图 2-1 中的 Next 按钮，打开 WampServer 安装协议界面，如图 2-2 所示。

（3）选中图 2-2 中的 I accept the agreement 单选按钮，然后单击 Next 按钮，打开如图 2-3 所示的界面。在该界面中可以设置 WampServer 的安装路径（默认安装路径为：C：\wamp），这里将安装路径设置为 E：\wamp。

图 2-1　WampServer 启动界面

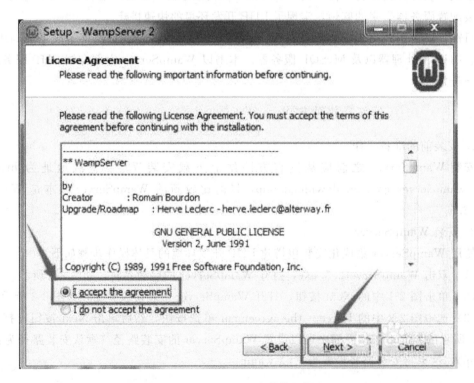

图 2-2　WampServer 安装协议界面

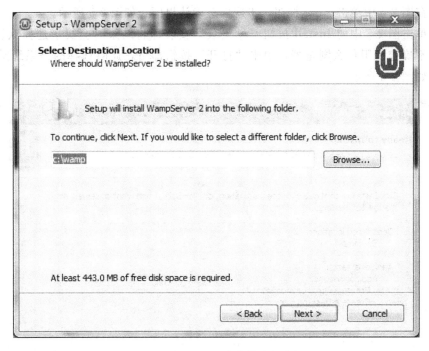

图 2-3　WampServer 安装路径选择

（4）单击图 2-3 中的 Next 按钮打开如图 2-4 所示的界面。在该界面中可以选择在快速启动栏和桌面上创建快捷方式。

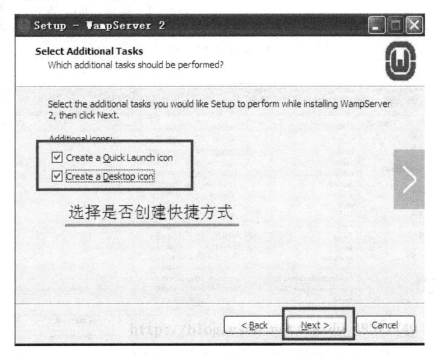

图 2-4　创建快捷方式选项界面

（5）在图 2-4 中单击 Next 按钮，出现信息确认界面，如图 2-5 所示。

（6）单击图 2-5 中的 Install 按钮开始安装，安装即将结束时会提示选择默认的浏览器，如果不确定使用什么浏览器，单击"打开"按钮即可，此时选择的是系统默认的 IE 浏览器，如图 2-6 所示。

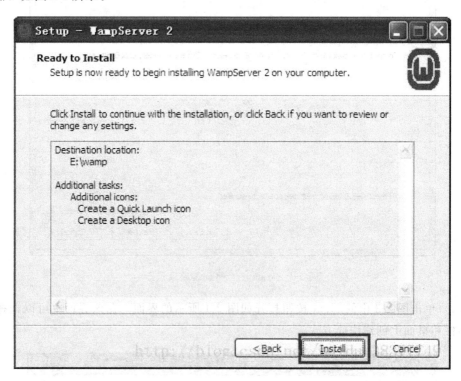

图 2-5　信息确认界面

图 2-6　选择默认的浏览器

（7）后续操作会提示输入 PHP 的邮件参数信息，保留默认内容即可，如图 2-7 所示。

（8）单击图 2-7 中的 Next 按钮进入完成 WampServer 安装的界面，如图 2-8 所示。

图 2-7　PHP 的邮件参数界面

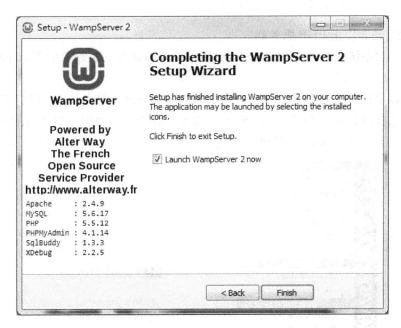

图 2-8　WampServer 安装完成界面

（9）选中 Launch WampServer 2 now 复选框，单击 Finish 按钮后即可完成所有安装，然后会自动启动 WampServer 所有服务，并且在任务栏的系统托盘中增加了 WampServer

图标。

（10）打开 IE 浏览器，在地址栏中输入 http://localhost/或者 http://127.0.0.1/后按 Enter 键，如果运行结果出现如图 2-9 所示的界面，则说明 WampServer 安装成功。

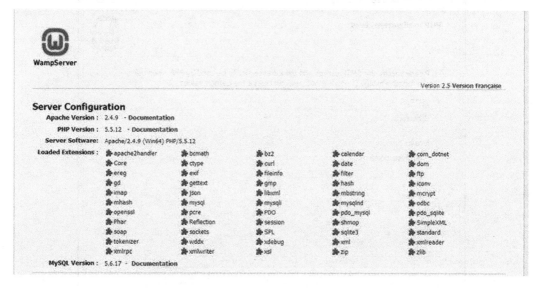

图 2-9   WampServer 启动成功界面

2.1.2   PHP 服务器的启动与停止

1. 手动启动和停止 PHP 服务器

单击任务栏系统托盘中的 WampServer 图标，弹出如图 2-10 所示的 WampServer 管理界面。

此时可以单独对 Apache 服务和 MySQL 服务进行启动、停止操作。以管理 Apache 服务器为例，选择图 2-10 中的 Apache/Service 命令，将会弹出如图 2-11 所示的界面，在图 2-11 的界面中可以选择 Start（启动）、Stop（停止）和 Restart（重新启动）Apache 服务。

图 2-10   WampServer 管理界面

图 2-11   管理 Apache 服务

另外，还可以对 Apache 服务和 MySQL 服务同时进行操作。选择 Start All Services 命令，可以启动 Apache 服务和 MySQL 服务；选择 Stop All Services 命令，可以停止 Apache 服务和 MySQL 服务；选择 Restart All Services 命令，可以重启 Apache 服务和 MySQL 服务。

2. 通过操作系统自动启动 PHP 服务

（1）选择"开始"／"控制面板"命令打开控制面板。

（2）双击"管理工具"下的"服务"命令查看系统所有服务。

（3）在服务中找到 wampapache 和 wampmysql 服务，这两个服务分别表示 Apache 服务和 MySQL 服务。双击某种服务，将"启动类型"设置为"自动"，然后单击"确定"按钮即可设置该服务为自动启动，如图 2-12 所示。

图 2-12　设置 wampapache 服务为自动启动

 ### 2.1.3　PHP 开发环境的关键配置

1. 修改 Apache 服务端口号

WampServer 安装完成后，Apache 服务的端口号默认为 80。如果要修改 Apache 服务的端口号，可以通过以下步骤加以实现。

（1）单击 WampServer 图标，选择 Apache/http.conf 命令，打开 httpd.conf 配置文件，查找关键字 Listen 0.0.0.0：80。

（2）将 80 修改为其他的端口号（例如 8080），保存 httpd.conf 配置文件。

（3）重新启动 Apache 服务器，使新的配置生效。此后在访问 Apache 服务时，需要在浏览器地址栏中加上 Apache 服务的端口号（例如 http://localhost：8080/）。

2. 设置网站起始页面

Apache 服务器允许用户自定义网站的起始页及其优先级，方法如下。

打开 httpd. conf 配置文件，查找关键字 DirectoryIndex，在 DirectoryIndex 的后面就是网站的起始页及优先级，如图 2-13 所示。

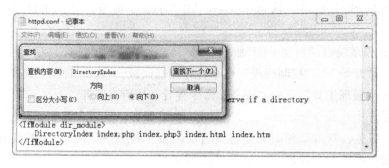

图 2-13　设置网站起始页面

由图 2-13 可见，在 WampServer 安装完成后，默认的网站起始页及优先级为 index. php、index. php3、index. html、index. htm。Apache 的默认显示页为 index. php，因此在浏览器地址栏输入 http://localhost/ 时，Apache 会首先查找访问服务器主目录下的 index. php 文件，如果文件不存在，则依次查找访问 index. php3、index. html、index. htm 文件。

3. 设置 Apache 服务器主目录

WampServer 安装完成后，默认情况下浏览器访问的是 E：/wamp/www/目录下的文件，www 目录被称为 Apache 服务器的主目录。例如，当在浏览器地址栏中输入 http://localhost/php/test. php 时，访问的就是 WWW 目录下的目录 php 中的 test. php 文件。此时，用户也可以自定义 Apache 服务器的主目录，具体方法如下。

（1）打开 httpd. conf 配置文件，查找关键字 DocumentRoot，如图 2-14 所示。

（2）修改 httpd. conf 配置文件，例如，设置目录 E：/wamp/www/php/为 Apache 服务器的主目录，如图 2-15 所示。

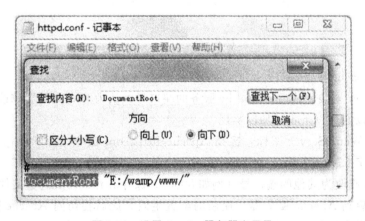

图 2-14　设置 Apache 服务器主目录

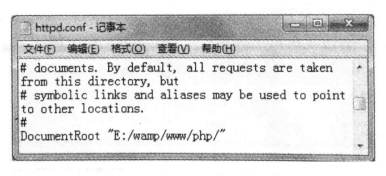

图 2-15 设置 Apache 服务器主目录

（3）重新启动 Apache 服务器，使新的配置生效。此时在浏览器地址栏中输入 http://localhost/test.php 时，访问的就是 Apache 服务器主目录 E:/wamp/www/php/ 下的 test.php 文件。

4. PHP 的其他常用配置

php.ini 文件是 PHP 在启动时自动读取的配置文件，该文件所在目录是 E:\wamp\bin\php\php5.5.12。下面介绍 php.ini 文件中几个常用的配置。

（1）register_globals：通常情况下将此变量设置为 Off，这样可以对通过表单进行的脚本攻击提供更为安全的防范措施。

（2）short_open_tag：当该值设置为 On 时，表示可以使用短标记"<?"和"?>"作为 PHP 的开始标记和结束标记。

（3）display_errors：当该值设置为 On 时，表示打开错误提示，在调试程序时经常使用。

5. 为 MySQL 服务器 root 账户设置密码

在 MySQL 数据库服务器中，用户名为 root 的账户具有管理数据库的最高权限。在安装 WampServer 之后，root 账户的密码默认为空，这样就会留下安全隐患。在 WampServer 中集成了 MySQL 数据库的管理工具 phpMyAdmin。phpMyAdmin 是众多 MySQL 图形化管理工具中应用最广泛的一种，是一款使用 PHP 开发的 B/S 模式的 MySQL 客户端软件，该工具是基于 Web 跨平台的管理程序，并且支持简体中文。下面介绍如何应用 phpMyAdmin 来重新设置 root 账户的密码。

具体步骤如下。

（1）单击任务栏系统托盘中的 WampServer 图标，选择 phpMyAdmin 命令打开 phpMyAdmin 主界面。

（2）单击 phpMyAdmin 主界面中的"用户"超链接，在"用户概况"中可以看到 root 账户（如图 2-16 所示），单击 root 账户一行中的"编辑权限"超链接会弹出新的编辑页面，在编辑页面中找到"修改密码"栏目（如图 2-17 所示）。

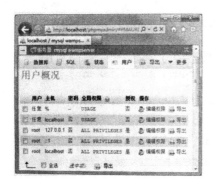

图 2-16　服务器用户一览表　　　　　　图 2-17　修改 root 账户密码界面

（3）在图 2-17 所示的界面中，可以修改 root 账户的密码。这里将 root 账户的密码设置为 111（本书中 root 账户的密码），在输入新密码和确认密码之后，单击"执行"按钮，完成对用户密码的修改操作，返回主界面，将提示密码修改成功。

（4）在 E：\ wamp \ apps \ phpmyadmin4.1.14 目录中查找 config.inc.php 文件，用记事本打开该文件，找到如图 2-18 所示的代码部分，将 root 账户的密码修改为新密码 111，保存文件后，就可以继续使用 phpMyAdmin 登录 MySQL 服务器了。

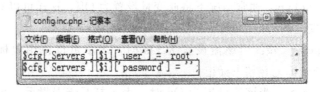

图 2-18　设置 phpMyAdmin 中 root 账户的密码

6. 设置 MySQL 数据库字符集

MySQL 数据库服务器支持很多字符集，默认使用的是 latinl 字符集。为了防止出现中文乱码问题，需要将 latinl 字符集修改为 gbk 或 gb2312 等中文字符集，以将 MySQL 字符集设置为 gbk 为例，具体步骤如下。

（1）单击任务栏系统托盘中的 WampServer 图标，选择 MySQL/my.ini 命令，打开 MySQL 配置文件 my.ini。

（2）在配置文件中的"［mysql］"选项组后添加参数设置"default－character－set＝gbk"，在"［mysqld］"选项组后添加参数设置"character _ set _ server＝gbk"。

（3）保存 my.ini 配置文件，重新启动 MySQL 服务器，这样就把 MySQL 服务器的默认字符集设置为 gbk 简体中文字符集了。

 ## 2.2　在 Linux 下的安装配置

在 Linux 下搭建 PHP 环境比 Windows 下复杂得多，除 Apache、PHP 等软件外，还要安装一些相关工具，并设置必要参数。而且，如果要使用 PHP 扩展库，还要进行编译，如本书中使用到的 SOAP、MHASH 等扩展库。

安装之前要准备的安装包如下：

httpd—2.2.8.tar.g2

php—5.2.5.tar.gZ

mysql—5.0.51a—Linux—1686.tar.gz

libxm12—2.6.26.tar.gz

2.2.1 安装 Apache 服务器

安装 Apache 服务器，首先需要打开 Linux 终端（Linux 下几乎所有的软件都需要在终端下安装）。选择 Red Hat 9 的"主菜单"/"系统工具"命令，在弹出的子菜单中选择"终端"命令。下面介绍安装 Apache 的具体步骤。

（1）进入 Apache 安装文件的目录下，如 /usr/local/work/cd/usr/loca/world/

（2）解压安装包。解压完成后，进入 http://d2.2.8 目录中。

tar xfz httpd2.2.8.tar.zg

cd http2.2.8

（3）建立 makefile，将 Apache 服务器安装在 usr/local/Apache2 目录下。

./configure—prefix=/usr/local/Apache2—enable—module=so

（4）编译文件。

Make

（5）开始安装。

Make install

（6）安装完成后，将 Apache 服务器添加到系统启动项中，并重启服务器。

（7）打开 Mozilla 浏览器，在地址栏中输入 http://localhost/，按 Enter 键后如果看到如图 2-19 所示的页面，说明 Apache 服务器安装成功。

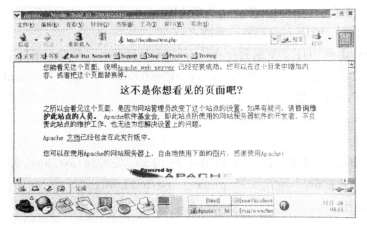

图 2-19　Linux 下 Apache 服务器安装

2.2.2 安装 MySQL 数据库

安装 MySQL 比重装 Apache 更为复杂一些，因为需要创建 MySQL 账号，并将账号加入组群。安装步骤如下。

（1）创建 MySQL 账号，并加入组群。

groupadd maysql

useradd－g mysql mysql

（2）进入 MySQL 的安装目录，并将其解压（如目录为/usr/local/mysql）。

cd /usr/local/mvsql

tar xfz /usr/local/work/mysql－5.0.51a－Linux－i686.tar.gzi

（3）考虑到 MySQL 数据库升级的需要，通常以链接的方式建立/usr/local/mysql 目录。

In－s mysql－5.0.51a－Linux－i686.tar.gz mysql

（4）进入 MySQL 目录，在/usr/local/mysql/data 中建立 MySQL 数据库。

cd mysqlscriots/mysal＿instatl＿db－user＝mysql

（5）修改文件权限。

chown－R root

chown－R mysql data

chgrp－R mysql

（6）至此，MySQL 安装成功。用户可以通过在终端中输入命令启动 MySQL 服务。

/tusr/local/mysql/bin/mysqld＿safe－user＝mysql &

（7）启动后输入命令，进入 MySQL。

/user/local/mysql/bin/mysql－uroot

 2.2.3 安装 PHP 5

在安装 PHP 5 之前，首先需要查看 libxml 的版本号。如果 libxml 版本号小于 2.5.10，则需要先安装 libxml 高版本。安装 libxml 和 PHP 5 的步骤如下（如果不需要安装 libxml，直接执行 PHP 5 的安装步骤即可）：

（1）将 libxml 和 PHP 5 复制到/usr/local/work 目录下，并进入该目录。

mvphp5.2.5.tar.gzlibxml2.2.6.26.tar.gz/usr/local/workcd/usr/local/work

（2）分别将 libxml 和 PHP 5 解压。

tar xfz libxml2－2.6.62.tar.gz

tar xfz PHP－5.2.5.tar.gz

（3）进入 libxml2 目录，建立 makefile，将 libxml 安装到/usr/local/libxml2 目录下。

cd libxml2－2.6.62./configure－prefx＝/usr/local/libxml2

（4）编译文件。

makefile

（5）开始安装。

make install

（6）libxml1 安装完毕后，开始安装 PHP 5。进入 php－5.2.5 目录下。

cd../php－5.2.5

（7）建立 makefile。

./configure－with－apxs2＝/usr/local/Apache2/bin/apxs

－－with－mysql＝/usr/local/mysql

－－with libxml－dir＝/usr/local/libxml2

（8）开始编译。

make

（9）开始安装。

make install

（10）复制 php.ini－dist 或 php.ini－recommended 到/usr/local/lib 目录，并命名为 php.ini。

cn php.ini－dist/usr/local/lib/php.ini

（11）更改 httpd.conf 文件相关设置，该文件位于/usr/local/Apache2/conf 中。找到该文件中的如下指令行：

AddType application/x－gzip.gz.tgz

在该指令下加入如下指令：

AddTyPe application/x－httpd－php.php

（12）重新启动 Apache，并在 Apache 主目录下建立文件 phpinfo.php。

＜? php

Phpinfo ();

? ＞

在 Mozilla 浏览器中输入 http://localhost/phpinfo.php 并按下 Enter 键，如果出现如图 2-20 所示的界面，则 PHP 安装成功。

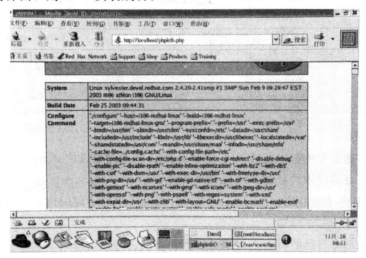

图 2-20　phpinfo 信息

2.3　PHP 常用开发工具

"工欲善其事，必先利其器"。随着 PHP 的发展，大量优秀的开发工具纷纷出现。找到一个适合自己的开发工具，不仅可以加快学习进度，而且能够在以后的开发过程中及时发现问题，少走弯路。下面将介绍一款目前流行的开发工具。

Dreamweaver 是 Adobe 公司开发的 Web 站点和应用程序的专业开发工具，它将可视布局工具、应用程序开发功能和代码编辑组合在一起。其功能强大，使得各个层次的设计人员和开发人员都能够美化网站及创建应用程序。从基于 CSS 设计的领先支持到手工编码，Dreamweaver 为专业人员提供了一个集成、高效的环境。开发人员可以使用 Dreamweaver 及所选择的服务器来创建功能强大的 Web 应用程序，从而使用户能够连接到数据库、Web 服务和一日式系统。本实例主要讲解如何利用 Dreamweaver 建立站点及开发 PHP 程序。

在 Dreamweaver 中创建站点的操作步骤如下。

（1）选择"站点"／"管理站点"命令，弹出如图 2-21 所示的对话框。

（2）单击"管理站点"对话框中的"编辑"按钮，在弹出的"01 的站点定义为"对话框中选择"高级"选项卡，在"分类"列表框中选择"测试服务器"选项，在右侧的"服务器模型"下拉列表框中选择 PHP MySQL 选项，在"访问"下拉列表框中选择"本地/网络"选项，然后设置测试服务器文件夹，也就是指定到站点的根目录下，最后设置 URL 前缀，同样定义到站点的根目录，如图 2-22 所示。

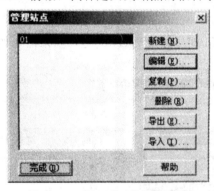
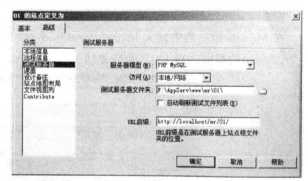

图 2-21　"管理站点"对话框　　　　图 2-22　配置测试服务器

（3）单击"确定"按钮，完成站点的设置。在完成测试服务器的配置之后，即可在 Dreamweaver 下直接使用快捷键 F12 来浏览程序。

建议 PHP 初学者使用 Dreamweaver 来进行开发。学习一段时间后，可以再另行选择其他开发工具。

每一种工具都有自己的特点，用户可根据自己的喜好来选择。

2.4　第一个 PHP 实例

下面以 Dreamweaver CS3 作为工具开发第一个 PHP 实例。

【例 2.1】本例的目的是熟悉 PHP 的书写规则和 Dreamweaver 工具的基本使用。本例的功能很简单，即输出一段欢迎信息。开发步骤如下。

（1）启动 Dreamweaver。选择"文件"/"新建"命令，或按 Ctrl＋N 快捷键，弹出"新建文档"对话框。可以选择"空白页"中的 PHP 页面类型，也可以选择新建页面的布局，这里选择"布局"列表框中的"无"选项，单击"创建"按钮，如图 2-23 所示。

图 2-23　"新建文档"对话框

（2）可以在新创建页面的"代码"视图中编辑 PHP 代码，也可以使用"设计"视图查看 HTML 效果。这里使用"代码"视图，并给该页面设置一个标题，如图 2-24 所示。标题显示的位置在浏览器的左上角，在运行时就能看到效果。

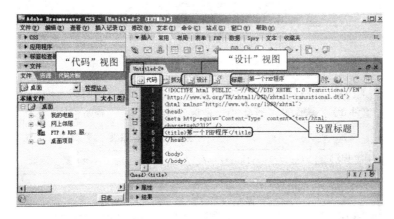

图 2-24　设置标题

（3）编写PHP代码。在＜body＞...＜/body＞标记对中间即可编写PHP代码段，实例代码如下：

```
＜? php
    echo "欢迎进入 PHP 的世界！！";
? ＞
```

"＜? php"和"? ＞"是 PHP 的标记对。在这对标记对中的所有代码都被当作 PHP 代码来处理。除了这种表示方法外，PHP 还可以使用 ASP 风格的"＜%"和 SGML 风格的"＜? …? ＞"等，在以后的章节中将会详细介绍。

echo 是 PHP 中的输出语句，与 ASP 中的 response. write、JSP 中的 out. print 含义相同，即将紧跟其后的字符串或者变量值显示在页面中。每行代码都以"；"结尾。

输入代码的页面如图 2-25 所示。

（4）将 PHP 页保存到服务器指定的目录以便解析。本章中服务器指定的目录为 E：\ wamp \ www \ 。将本页保存到路径 E：\ wamp \ wWw \ TM \ sl \ 2 \ 1 下，命名为 index. php。

（5）查看 index. php 页的执行结果。打开 IE 浏览器窗口，在地址栏中输入 http：//localhost/tm/sl/2/1/index. php，按 Enter 键后的页面效果如图 2-26 所示。

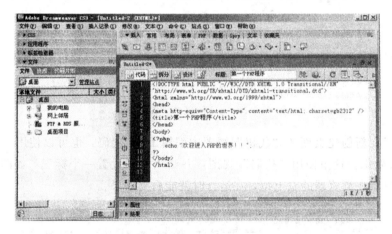

图 2-25　编写程序代码

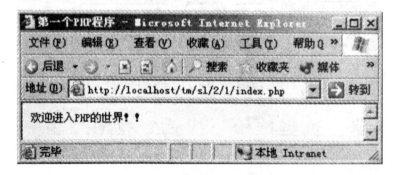

图 2-26　PHP 页面运行结果

2.5　PHP 标记风格

PHP 和其他几种 Web 语言一样，都是使用一对标记对将 PHP 代码部分包含起来，以便和 HTML 代码区分开来。PHP 支持 3 种标记风格，下面来一一介绍。

1）XML 风格

```
<? php
    echo "这是 XML 风格的标记";
? >
```

XML 风格的标记是本书所使用的标记，也是推荐使用的标记，服务器不能禁用。该风格的标记在 XML、XHTML 中都可以使用。

2）脚本风格

```
<script language = "php" >
    echo ´这是脚本风格的标记´;
</script>
```

3）简短风格

```
<? echo ´这是简短风格的标记´;
%>
```

2.6　PHP 注释的应用

注释即代码的解释和说明，一般放在代码的上方或代码的尾部（放尾部时，代码和注释之间以 Tab 键进行分隔，以方便程序阅读），用来说明代码或函数的编写用途、时间等。注释不会影响程序的执行，因为在执行时，注释部分会被解释器忽略不计，具体内容如下。

PHP 支持 3 种风格的程序注释。

1）单行注释（//）

这是一种来源于 C++语言语法的注释模式，可以写在 PHP 语句的上方，也可以写在后方。

```
<? php
//这是写在 PHP 语句上方的单行注释
```

```
echo "使用 C++ 风格的注释";              //这是写在 PHP 语句后面的单行注释
?>
```

2）多行注释

这是一种来源于 C 语言语法的注释模式，可以分为块注释和文档注释。

（1）块注释的语法示例如下。

```
<? php
  /*
$ a = 1
$ b = 2
echo ( $ a + $ b);
*/
echo 'PHP 的多行注释';
?>
```

（2）文档注释的语法示例如下。

```
<? php
  /* 说明：项目工具类
  * 作者：小新
  * E-mail：mingrisoft@mingrisoft.com
  */
  class Util
{
 /**
  * 方法说明：给字符串加前缀
  * 参数：string $ str
  * 返回值：string
  */
  functing addprefix ( $ str)
  {
      $ str. = 'mingri';
      rerurn $ str,
}
{
?>
```

（3）风格注释（#）

```
<? php
```

```
        echo '这是#风格的注释';          #这是#风格的单行注释
    ?>
```

 ## 2.7 PHP 的数据类型

PHP 支持 8 种原始类型，其中包括 4 种标量类型，boolean（布尔型）、mteger（整型）、float/double（浮点型）和 string（字符串型）；2 种复合类型，array（数组）和 object（对象）；2 种特殊类型，resource（资源）与 null。

 ### 2.7.1 标量数据类型

标量数据类型是数据结构中最基本的单元，只能存储一个数据。PHP 中标量数据类型包括 4 种，如表 2-1 所示。

表 2-1 标量数据类型

类型	说明
boolean（布尔型）	这是最简单的类型，返回的结果是真（true）和假（false）
string（字符串型）	连续的字符序列，是计算机所能表示的一切字符的集合
integer（整型）	包含正整数和负整数，如 10，−10
float（浮点型）	包含小数点数字，如 3.14

1. 布尔型（boolean）

布尔型是 PHP 中较为常用的数据类型之一，它保存一个 true 值或者 false 值，其中 true 和 false 是 PHP 的内部关键字。设定一个布尔型的变量，只需将 true 或者 false 赋值给变量即可。

【例 2.2】通常布尔型变量都应用在条件或循环语句的表达式中。下面在 if 条件语句中判断变量 $boo 中的值是否为 true，如果为 true，则输出"变量 $boo 为真!"，否则输出"变量 $boo 为假!!"，实例代码如下：

```
<?php
    $boo = true              //声明一个 boolean 类型变量，赋初值为 true
    if ( $boo == true)        //判断变量 $boo 是否为真
        echo '变量 $boo 为真';   //如果为真，则输出"变量 $boo 为真!"的字样
    else
        echo '变量 $boo 为假!!';  //如果为假，则输出"变量 $boo 为假!!"的字样
结果为：变量 $boo 为真!
```

2. 字符串型（string）

字符串是连续的字符序列，由数字、字母和符号组成。字符串中的每个字符只占用一个字节。在 PHP 中，有 3 种定义字符串的方式，分别是单引号（'）、双引号（"）和定界符（<<<）。

单引号和双引号是经常被使用的定义方式，定义格式如下：

```php
<? php
    $ a = '字符串';
? >
```

或

```php
<? php
    $ a = "字符串";
? >
```

两者的不同之处在于，双引号中所包含的变量会自动被替换成实际数值，而单引号中包含的变量则按普通字符串输出。

【例 2.2】下面的实例分别应用单引号和双引号来输出同一个变量，其输出结果（图 2-27）完全不同，双引号输出的是变量的值，而单引号输出的是字符串"$i"。实例代码如下：

```php
<? php
$ i = '只会看到一遍';        // 声明一个字符串变量
echo "$";                   //用双引号输出
echo "<p>";                 //输出段标记
echo '$ i';                 //用单引号输出
? >
```

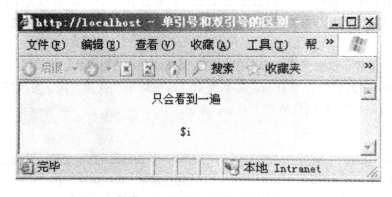

图 2-27　单引号和双引号的区别

两者之间另一处不同点是对转义字符的使用。使用单引号时，要想输出单引号，只要对单引号（'）进行转义即可，但使用双引号（"）时，还要注意""""$"等字符的使用。这些特殊字符都要通过转义符"\"来显示。常用的转义字符如表 2-2 所示。

表 2-2 转义字符

转义字符	意义	ASCII 码值（十进制）
\ a	响铃（BEL）	007
\ b	退格（BS），将当前位置移到前一列	008
\ f	换页（FF），将当前位置移到下页开头	012
\ n	换行（LF），将当前位置移到下一行开头	010
\ r	回车（CR），将当前位置移到本行开头	013
\ t	水平制表（HT）（跳到下一个 TAB 位置）	009
\ v	垂直制表（VT）	011
\ \	代表一个反斜线字符''\'	092
\ '	代表一个单引号（撇号）字符	039
\ "	代表一个双引号字符	034
\ ?	代表一个问号	063
\ 0	空字符（NULL）	000
\ ooo	1 到 3 位八进制数所代表的任意字符	三位八进制
\ xhh	1 到 2 位十六进制所代表的任意字符	二位十六进制

"\ n"和"\ r"在 Windows 系统中没有什么区别，都可以当作回车符。但在 Linux 系统中则是两种效果，在 Linux 中，"\ n"表示换到下一行，却不会回到行首；而 \ r 表示光标回到行首，但仍然在本行。如果使用 Lmux 操作系统，可以尝试一下。

定界符（<<<）是从 PHP 4 开始支持的。在使用时后接一个标识符，然后是字符串，最后使用同样的标识符结束字符串。定界符的格式如下：

```
$ string = <<<str
要输出的字符串
str
```

其中，str 为指定的标识符。

【例 2.3】使用定界符输出变量中的值，可以看到，它和双引号没什么区别，包含的变量也被替换成实际数值，实例代码如下：

```
<? php
$ i = '显示内容';
echo<<<std
这和双引号没有什么区别，\ $ i同样可以被输出出来。<p>
\ $ i的内容为：$ i
Std;
```

```
?>
```

运行结果如图 2-28 所示。

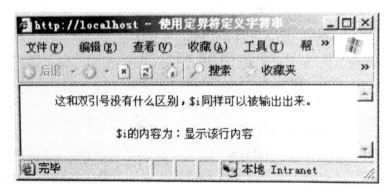

图 2-28　使用定界符定义字符串

3. 整型（integer）

整型数据类型只能包含整数。在 32 位的操作系统中，有效的范围是－2147483648～＋2147483647。整型数可以用十进制、八进制和十六进制来表示。如果用八进制，数字前面必须加 0；如果用十六进制，则需要加 0x。

【例 2.4】分别输出八进制、十进制和十六进制的结果，实例代码如下：

```
<? php
    $ str1 = 1234567890;                          //声明一个十进制的整数
    $ str2 = 0x1234567890;                        //声明一个十六进制的整数
    $ str3 = 01234567890;                         //声明一个八进制整数
    $ str4 = 01234567;                            //声明另一个八进制整数
echo '数字 1234567890 不同进制的输出结果：<p>';
echo '十进制的结果是：'. $ str1. '<br>';      //输出十进制整数
echo '十六进制的结果是：'. $ str2. '<br>';    //输出十六进制整数
echo '八进制的结果是：';
if ( $ str3 = = $ str4) {                        //判断 $ str3 和 $ str4 的关系
        echo ' $ str3! = str4 = '. $ str3;      //如果相等，输出变量值
    } else {
            echo ' $ str3! = str4';             //如果不相等，输出" $ sre3! =
$ str4"
    }
?>
```

运行结果如图 2-29 所示。

图 2-29　不同进制的输出结果

4. 浮点型（float）

浮点数据类型可以用来存储数字，也可以保存小数。它提供的精度比整数大得多。在 32 位的操作系统中，有效的范围是 1.7E－308～1.7E＋308。在 PHP 4.0 以前的版本中，浮点型的标识为 double，也叫作双精度浮点数，两者没有区别。

浮点型数据默认有两种书写格式，一种是标准格式，如：

```
3.1415
－35.8
```

还有一种是科学计数法格式，如：

```
3.58E1
849.72E－3
```

【例 2.5】输出圆周率的近似值，使用 3 种书写方法：圆周率函数、传统书写格式和科学记数法，最后显示在页面上的效果是相同的。实例代码如下：

```php
<? php
    echo '圆周率的 3 种书写方法：<p>';
    echo '第一种：pi () = '.pi ().'<p>';                       //调用 pi
() 函数输出圆周率
    echo '第二种：3.14159265359 = '.3.14159265359.'<p>'        //传统书写格式
的浮点数
    echo '第三种：314159265359E－11 = '.314159265359E－11.'<1) >';//科学计数法
格式的浮点数
? >
```

运行结果如图 2-30 所示。

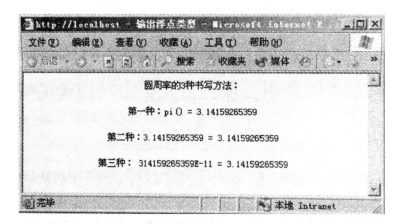

图 2-30 输出浮点类型

 2.7.2 复合数据类型

复合数据类型包括两种，即数组和对象，如表 2-3 所示。

表 2-3 复合数据类型

类型	说明
Array（数组）	一组类型相同的变量的集合
Object（对象）	对象是类的实例，使用 new 命令来创建

1. 数组（Array）

数组是一组数据的集合，它把一系列数据组织起来，形成一个可操作的整体。数组中可以包括很多数据，如标量数据、数组、对象、资源以及 PHP 中支持的其他语法结构等。

数组中的每个数据称为一个元素，元素包括索引（键名）和值两个部分。元素的索引可以由数字或字符串组成，元素的值可以是多种数据类型。定义数组的语法格式有如下几种：

$ array = array（'value1'，' value2'...）

或

$ arry [key] = 'value'

或

$ array = array（key1 = >value1，key2 = >value2...）

其中，key 是数组元素的下标，value 是数组下标所对应的元素。以下几种都是正确的格式：

$ arrl = array（'Triis'，'is'，'an'，'example'）;

```
$ arr2 = array (0 = > 'php', 1 = > 'is', 'the' = > 'the', 'str' = > 'best ');
$ arr3 [0] = 'tmpname';
```

声明数组后，数组中的元素个数还可以自由更改。只要给数组赋值，数组就会自动增加长度。在第 7 章 PHP 数组中，会详细介绍数组的使用、取值以及数组的相关函数。

2. 对象（Object）

编程语言所应用到的方法有两种：面向过程和面向对象。在 PHP 中，用户可以自由使用这两种方法。在第 13 章中将对面向对象的技术进行详细讲解。

2.7.3 特殊数据类型

特殊数据类型包括资源和空值两种，如表 2-4 所示。

表 2-4 特殊数值类型

类型	说明
资源（Resource）	资源是一种特殊变量，又叫作句柄，保存了到外部资源的一个引用。资源是通过专门的函数来建立和使用的
空值（Null）	特殊的值，表示变量没有值，唯一的值就是 null

1. 资源（Resource）

资源类型是 PHP 4 引进的。关于资源的类型，可以参考 PHP 手册后面的附录，里面有详细的介绍和说明。

在使用资源时，系统会自动启用垃圾回收机制，释放不再使用的资源，避免内存消耗殆尽。因此，资源很少需要手工释放。

2. 空值（Null）

空值，顾名思义，表示没有为该变量设置任何值。另外，空值（Null）不区分大小写，null 和 NULL 的效果是一样的。被赋予空值的情况有以下 3 种：还没有赋任何值、被赋值为 null、被 unset () 函数处理过的变量。

【例 2.6】字符串 stringl 被赋值为 null，string2 根本没有声明和赋值，所以也输出 null，最后的 string3 虽然被赋予了初值，但被 unset () 函数处理后，也变为 null 型。unset () 函数的作用就是从内存中删除变量。实例代码如下：

```php
<? php
  echo 变量 (\ $ sirir1) 直接赋值为 null:";
  $ stringl = null;                          //变量 $ string1 被赋空值
  $ siring3 = "str";                         //变量 $ string3 被赋值
  If (! isset ($ string1))                   //判断 $ string1 是否被设置
       echo "strng1 = null";
  echo "<p>变量 (\ $ sting2) 未被赋值:";
  if (! isset ($ string2))                   //判断 $ string2 是否被设置
```

```
        echo "string2 = null";
    echo" <p>被 unset () 函数处理过的变量 ( \ $ string3)：";
    unset ( $ string3);                              //释放 $ string3
    if (! isset ( $ string3))                        //判断 $ string3 是否被设置
        echo "string3 = null";
? >
```

运行结果如图 2-31 所示。

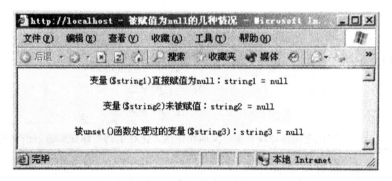

图 2-31　被赋值为 null 的几种情况。

 ### 2.7.4　数据类型转换

虽然 PHP 是弱类型语言，但有时仍然需要用到类型转换。PHP 中的类型转换和 C 语言一样，非常简单，只需在变量前加上用括号括起来的类型名称即可。允许转换的类型如表 2-5 所示。

表 2-5　类型强制转换

转换操作符	转换类型	举例
(boolean)	转换成布尔型	(boolean) $ num、(boolean) $ str
(string)	转换成字符型	(string) $ boo、(string) $ flo
(integer)	转换成整型	(integer) $ boo、(integer) $ str
(float)	转换成浮点型	(float) $ str、(float) $ str
(array)	转换成数组	(array) $ str
(object)	转换成对象	(object) $ str

类型转换还可以通过 settype () 函数来完成，该函数可以将指定的变量转换成指定的数据类型，语法格式如下：

bool settype (mixed var, string type)

其中，var 为指定的变量；type 为指定的类型，它有 7 个可选值，即 boolean、float、

integer、array、null、object 和 string。如果转换成功，则返回 true，否则返回 false。

当字符串转换为整型或浮点型时，如果字符串是以数字开头的，就会先把数字部分转换为整型，再舍去后面的字符串；如果数字中含有小数点，则会取到小数点前一位。

【例 2.7】使用上面的两种方法将指定的字符串进行类型转换，比较两种方法之间的不同。实例代码如下：

```php
<? php
   $ num = '3.1415926r`f';                              //声明一个字符串变量
echo '使用（intger）操作符转换变置 $ num 类型：';
echo（inteqer） $ num;                                 //使用 integer 转换类型
   echo '<p>';
echo '输出变量 $ num 的值：'. $ num                  //输出原始变量 $ num
echo '<p>';
echo '使用 settype 函数转换变量 $ num 类型：';
echo settype（$ num,'integer'）;                       //使用 settype（）函数转换类型
echo '<p>';
   echo '输出变量 $ num 的值：'. $ num;                 //输出原始变量 $ num
?)
```

运行结果如图 2-32 所示。

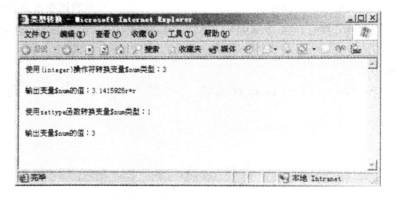

图 2-32 类型转换

可以看到，使用 integer 操作符能直接输出转换后的变量类型，并且原变量不发生任何变化。使用 settype（）函数返回的是 1，也就是 true，而原变量被改变了。在实际应用中，可根据情况自行选择转换方式。

 2.7.5 检测数据类型

PHP 内置了检测数据类型的系列函数，可以对不同类型的数据进行检测，判断其是否属于某个类型，如果符合则返回 true，否则返回 false。检测数据类型的函数如表 2-6 所示。

表 2-6　检验数据类型的函数

函数	检测类型	举例
is _ bool	检查变量是否为布尔类型	is _ bool（true）、is _ bool（false）
is _ string	检查变量是否为字符串类型	is _ string（'string'）、is _ string（1234）
is _ float/is double	检查变量是否为浮点类型	is _ float（3.1415）、is _ float（'3.1415'）
is _ integer/is _ int	检查变量是否为整数	is _ integer（34）、is _ integer（'34'）
is _ null	检查变量是否为 null	is _ null（null）
is _ array	检查变量是否为数组类型	is _ array（$ arr）
is _ object	检查变量是否为一个对象类型	is _ object（$ obj）
is _ numeric	检查变量是否为数字或由数字组成的字符串	is _ numeric（'5'）.is _ numeric（'bccd110'）

【例 2.8】由于检测数据类型的函数的功能和用法都是相同的，下面使用 is _ numeric（）函数来检测变量中的数据是否为数字，从而了解并掌握 is 系列函数的用法。示例代码如下：

```
<? php
    $ boo = "043112345078";                        //声明一个全由数字组成的字符串变量
    if（is _ numeric（$ boo））                      //判断该变量是否由数字组成
        echo "Yes, the \ $ boo is a phone number：$ boo!";   //如果是，输出该变量
    else
        echo "Sorry, This is an error!";            //否则，输出错误语句
? >
```

2.8　PHP 常量

本节主要介绍 PHP 常量，包括常量的声明和使用以及预定义常量。

 ## 2.8.1　声明和使用常量

常量可以理解为值不变的量。常量值被定义后，在脚本的其他任何地方都不能改变。一个常量由英文字母、下划线和数字组成，但数字不能作为首字母出现。

在 PHP 中使用 define（）函数来定义常量，该函数的语法格式如下：

define（string constant _ name, mixed value, case _ sensitive = false）

该函数有 3 个参数，详细参数说明如表 2-7 所示。

表 2-7　define（）函数的参数说明

参数	说明
constant _ name	必选参数，常量名称，即标识符
value	必选参数，常量的值
case _ sensitive	可选参数，指定是否大小写敏感，设定为 true，表示不敏感

获取常量的值有两种方法：一种是使用常量名直接获取值；另一种是使用 constant（）函数。constant（）函数和直接使用常量名输出的效果是一样的，但函数可以动态地输出不同的常量，在使用上要灵活方便得多。constant（）函数的语法格式如下：

```
mixed constant（string const _ name）
```

其中，const _ name 为要获取常量的名称，也可为存储常量名的变量。如果成功则返回常量的值，否则提示错误信息：常量没有被定义。

要判断一个常量是否已经定义，可以使用 defined（）函数，该函数的语法格式如下：

```
bool defined（string constant _ name）;
```

其中，constant _ name 为要获取常量的名称，成功则返回 true，否则返回 false。

【例 2.9】为了更好地理解如何定义常量，这里给出一个定义常量的实例。在实例中使用 define（）函数来定义一个常量，使用 constant（）函数来动态获取常量的值，使用 defined（）函数来判断常量是否被定义。实例代码如下：

```
<? php
define（“MESSAGE”，“我是一名程序员”）;
    echo MESSAGE. “<br>”;                    //输出常量 MESSAGE
    echo Message. “<br>”;                     //输出“Message”，表示没有该
常量
    define（“COUNT”，“我想要怒放的生命”，true）;
echo COUNT. “<br>”;                       //输出常量 COUNT
echo Count. “<br>”;                       //输出常量 Count，因为设定大小写
不敏感
    $ name = “count”;
    echo constant（$ name）. “<br>”;           //输出常量 Count
echo（defined（“MESSAGE”））. “<br>”;       //如果常量被定义，则返回 true，
使用 echo 输出显示 1
    ? >
```

运行结果如图 2-33 所示。

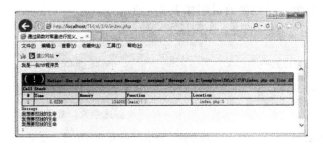

图 2-33　通过函数对常量进行定义、获取和判断

 2.8.2　预定义常量

PHP 中可以使用预定义常量获取 PHP 信息，常用的预定义常量如表 2-8 所示。

表 2-8　PHP 的预定义常量

常量名	功能
_ FILE _	默认常量，PHP 程序文件名
_ LrNE _	默认常量，PHP 程序行数
PHP _ VERSION	内建常量，PHP 程序的版本，如 php6.0.0−dev
PHP _ OS	内建常量，执行 PHP 解析器的操作系统名称，如 Windows
TRUE	该常量是一个真值（true）
FALSE	该常量是一个假值（false）
NULL	一个 null 值
E ERROR	该常量指到最近的错误处
E WARNING	该常量指到最近的警告处
E _ PARSE	该常量指到解析语法有潜在问题处
E _ NOTICE	该常量为发生不寻常处的提示但不一定是错误处

【例 2.10】预定义常量与用户自定义常量在使用上没什么差别。下面使用预定义常量输出 PHP 中的信息。实例代码如下：

```php
<? php
echo "当前文件路径:". _ F1LE _ ;                    //输出 _ FILE _ 常量
echo "<br>当前行数:" _ LINE _ ;                     //输出 _ LINE _ 常量
echo "<br>当前P}护版本信息:".PHP _ VERSION;    //输出 PHP 版本信息
echo "<br>当前操作系统:".PHP _ OS;               //输出系统信息
? >
```

运行结果如图 2-34 所示。

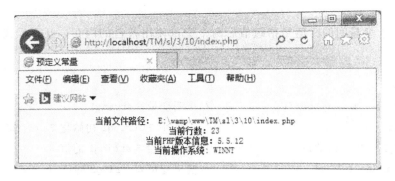

图 2-34 应用 PHP 预定义常量输出信息

2.9 PHP 变量

变量是指在程序执行过程中数值可以变化的量，通过一个名字（变量名）来标识。系统为程序中的每一个变量分配一个存储单元，变量名实质上就是计算机内存单元的命名。因此，借助变量名即可访问内存中的数据。

2.9.1 变量声明及使用

和很多语言不同，在 PHP 中使用变量之前不需要声明变量（PHP 4 之前需要声明变量），只需为变量赋值即可。PHP 中的变量名称用 $ 和标识符表示。标识符由字母、数字或下划线组成，并且不能以数字开头。另外，变量名是区分大小写的。

变量赋值，是指给变量一个具体的数据值，对于字符串和数字类型的变量，可以通过"="来实现。

格式为：

```php
<? php
    $ thisCup = "oink";
    $ _ Class = "roof";
? >
```

下面的变量命名则是非法的：

```php
<? php
    $ 11112 _ var = 11112;        //变量名不能以数字字符开头
    $ @ spcn = "spcn";            //变量名不能以其他字符开头
? >
```

除了直接赋值外，还有两种方式可为变量声明或赋值，一种是变量间的赋值，如下例所示。

【例2.11】变量间的赋值是指赋值后两个变量使用各自的内存，互不干扰。实例代码如下：

```php
<? php
$ string1 = "mingribook";            //声明变量 $ string1
$ string2 = $ string1;               //使用 $ string1 初始化 $ string2
$ string1 = "mrbccd";                //改变变量 $ string1 的值
echo $ string2;                      //输出变量 $ string2 的值
结果为：mingribook
```

另一种是引用赋值。从 PHP 4 开始，PHP 引入了"引用赋值"的概念。引用的概念是用不同的名字访问同一个变量内容。当改变其中一个变量的值时，另一个也跟着发生变化，通常使用"&"符号来表示引用。

 2.9.2 变量作用域

在使用变量时，要符合变量的定义规则。变量必须在有效范围内使用，如果超出有效范围，变量也就失去了意义。变量的作用域如表 2-9 所示。

表 2-9 变量的作用域

作用域	说　　明
局部变量	在函数的内部定义的变量，其作用域是所在函数
全局变量	被定义在所有函数以外的变量，其作用域是整个 PHP 文件，但在用户自定义函数内部是不可用的。 如果希望在用户自定义函数内部使用全局变量，则要使用 global 关键字声明
静态变量	能够在函数调用结束后仍保留变量值，当再次回到其作用域时，又可以继续使用原来的值。而一般变量在函数调用结束后，其存储的数据值将被清除，所占用的内存空间也被释放。使用静态变量时，先要用关键字 static 来声明变量，即把关键字 static 放在要定义的变量之前

在函数内部定义的变量，其作用域为所在函数，如果在函数外赋值，将被认为是完全不同的另一个变量。在退出声明变量的函数时，该变量及相应的值就会被清除。

【例2.12】本例用于比较在函数内赋值的变量（局部变量）和在函数外赋值的变量（全局变量），实例代码如下：

```php
<? php
$ example = "在……函数外";                  //声明全局变量
function example () {
    $ example "……在函数内……";               //声明局部变量
    echo "在函数内输出的内容是：$ example. <br>";//输出局部变量
```

```
}
  example ();                              //调用函数，输出变量值
  echo "在函数外输出的内容是：$ example. <br>";        //输出全局变量
```

运行结果如图 2-35 所示。

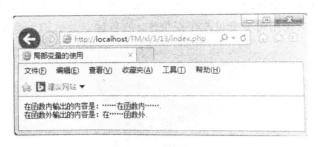

图 2-35　局部变量的使用

静态变量在很多地方都能用到。例如，在博客中可以使用静态变量记录浏览者的人数，每一次用户访问和离开时，都能够保留目前浏览者的人数。在聊天室中也可以使用静态变量来记录用户的聊天内容。

自定义函数 zdy () 是输出从 1～10 共 10 个数字，而 zdyl () 函数输出的是 10 个 1。自定义函数 zdy () 含有静态变量，而函数 zdyl () 是一个普通变量。初始化都为 0，再分别使用 for 循环调用两个函数，结果是静态变量的函数 zdy () 在被调用后保留了 $ message 中的值，而静态变量的初始化只是在第一次遇到时被执行，以后就不再对其进行初始化操作了，将会略过第 3 行代码不执行；而普通变量的函数 zdyl () 在被调用后，其变量 $ message 失去原来的值，重新被初始化为 0。

全局变量可以在程序中的任何地方访问，但是在用户自定义函数内部是不可用的。想在用户自定义函数内部使用全局变量，要使用 global 关键字声明。

【例 2.13】在自定义函数中输出局部变量和全局变量的值。实例代码如下：

```
<? php
$ hr = "黄蓉";                    //声明全局变量 $ hr
function lxt () {
    $ gj = "郭靖";                //声明局部变量 $ gj
    echo $ gj. "<br>";            //输出局部变量的值
    global $ hr;                  //利用关键字 global 在函数内部定义全局变量
    echo $ hr. "<br>";            //输出全局变量的值
}
lxt ();
? >
```

结果为：郭靖
　　　　黄蓉

2.9.3　可变变量

可变变量是一种独特的变量，它允许动态改变一个变量名称。其工作原理是该变量的名称由另外一个变量的值来确定，实现过程就是在变量的前面再多加一个美元符号"$"。

【例2.14】使用可变变量动态改变变量的名称。首先定义两个变量 $a 和 $b，并且输出变量 $a 的值，然后使用可变变量改变变量 $a 的名称，最后输出改变名称后的变量值，实例代码如下：

```php
<? php
$a = "b";                      //声明变量$a
$b = "我喜欢PHP";              //声明变量$b
echo $a;                       //输出变量$a
echo "<br>";
echo $$a;                      //通过可变变量输出$b的值
? >
```

结果为：b
　　　　我喜欢PHP

 2.9.4　PHP 预定义变量

PHP 提供了很多非常实用的预定义变量，通过这些预定义变量可以获取用户会话、用户操作系统的环境和本地操作系统的环境等信息。常用的预定义变量如表 2-10 所示。

表 2-10　预定义变量

变量名称	说明
$_SERVER ['SERVER_ADDR']	当前运行脚本所在的服务器的 IP 地址
$_SERVER ['SERVER_NAME']	当前运行脚本所在服务器主机的名称。如果该脚本运行在一个虚拟主机上，则该名称由虚拟主机所设置的值决定
$_SERVER ['REQUEST_METHOD']	访问页面时的请求方法。如 GET、HEAD、POST、PUT 等，如果请求的方式是 HEAD，PHP 脚本将在送出头信息后中止（这意味着在产生任何输出后，不再有输出缓冲）
$_SERVER ['REMOTE_ADDR']	正在浏览当前页面用户的 IP 地址
$_SERVER ['REMOTE_HOST']	正在浏览当前页面用户的主机名。反向域名解析基于该用户的 REMOTE_ADDR
$_SERVER ['REMOTE_PORT']	用户连接到服务器时所使用的端口

变量名称	说明
$_SERVER['SCRIPT_FILENAME']	当前执行脚本的绝对路径名。注意：如果脚本在 CLI 中被执行，作为相对路径，如 file.php 或者 .../fle.php，$_SERVER['SCRIPT_FILENAME'] 将包含用户指定的相对路径
$_SERVER['SERVER_PORT']	服务器所使用的端口，默认为 80。如果使用 SSL 安全连接，则这个值为用户设置的 HTTP 端口
$_SERVER['SERVER_SIGNATURE	包含服务器版本和虚拟主机名的字符串
$_SERVER['DOCUMENT_ROOT']	当前运行脚本所在的文档根目录。在服务器配置文件中定义
$_COOKIE	通过 HTTP Cookie 传递到脚本的信息。这些 Cookie 多数是在执行 PHP 脚本时通过 setcookie() 函数设置的
$_SESSION	包含与所有会话变量有关的信息。$_SESSION 变量主要应用于会话控制和页面之间值的传递
$_POST	包含通过 POST 方法传递的参数的相关信息。主要用于获取通过 POST 方法提交的数据
$_GET	包含通过 GET 方法传递的参数的相关信息。主要用于获取通过 GET 方法提交的数据
$_GLOBALS	由所有已定义的全局变量组成的数组。变量名就是该数组的索引。它可以称得上是所有超级变量的超级集合

2.10　PHP 运算符

运算符是用来对变量、常量或数据进行计算的符号，它对一个值或一组值执行一个指定的操作。PHP 的运算符主要包括算术运算符、字符串运算符、赋值运算符、位运算符、逻辑运算符、比较运算符、递增或递减运算符和条件运算符，这里只介绍一些常用的运算符。

2.10.1　算术运算符

算术运算符（Arithmetic Operators）是处理四则运算的符号，在数字的处理中应用得最多。常用的算术运算符如表 2-11 所示。

表 2-11　常用的算术运算符

名　称	操作符	举例
加法运算	＋	＄a＋＄b
减法运算	－	＄a－＄b
乘法运算	＊	＄a＊＄b
除法运算	/	＄a/＄b
取余数运算	％	＄a％＄b

【例 2.15】分别使用上述几种算术运算符进行运算，实例代码如下：

```php
<? php
    $a = -100;                          //声明变量 $a
    $b = 50;                            //声明变量 $b
    $c = 30;                            //声明变量 $c
    echo "\ $a = ". $a",";              //输出变量 $a
    echo "\ $b = ". $b",";              //输出变量 $b
    echo "\ $c = ". $c" <p>";           //输出变量 $c
    echo "\ $a+\ $b = ". ($a+$b) ." <br>";     //计算变量 $a 加 $b 的值
    echo "\ $a-\ $b = ". ($a-$b) ." <br>";     //计算变量 $a 减 $b 的值
    echo "\ $a*\ $b = ". ($a*$b) ." <br>"      //计算 $a 乘 $b 的值
    echo "\ $a/\ $b = ". ($a/$b) ." <br>"      //计算 $a 除 $b 的值
    echo "\ $a%\ $c = ". ($a%$c) ." <br>"      //计算 $a 和 $b 的余数，
被除数为 -100
```

运行结果如图 2-36 所示。

图 2-36　算数运算符的简单运用

 ## 2.10.2　字符串运算符

字符串运算符只有一个，即英文的句号"."，它将两个字符串连接起来，结合成一个新的字符串。如果使用过 C 或 Java 语言则应注意这里的"＋"只能用作赋值运算符，而不能用作字符串运算符。

【例2.16】本例用于对比"."和"+"两者之间的区别。当使用"."时，变量$m和$n两个字符串组成一个新的字符串3.1415926r∗rl；当使用"+"时，PHP会认为这是一次运算。如果"+"的两边有字符类型，则自动转换为整型；如果是字母，则输出为0；如果是以数字开头的字符串，则会截取字串头部的数字，再进行运算。实例代码如下：

```php
<? php
$n = "3.1415926r∗r";              //声明一个字符串变量，以数字开头
$m = 1;                           //声明一个整形变量
$nm = $n.$m;                         //使用"."运算符将两个变量连接
echo $nm. "<br>";
$mn = $n + $m;                       //使用"+"运算符将两个变量连接
echo $mn. "<br>";
? >
结果为：3.1415926r∗rl
       4.1415926
```

 2.10.3　赋值运算符

赋值运算符是把基本赋值运算符"="右边的值赋给左边的变量或者常量。PHP中常用的赋值运算符如表2-12所示。

表2-12　常用赋值运算符

操作	符号	举例	展开形式	意义
赋值	=	$a=3	$a=3	将右边的值赋给左边
加	+=	$a+=2	$a=$a+2	将右边的值加到左边
减	-=	$a-=3	$a=$a-3	将左边的值减掉右边
乘	*=	$a*=4	$a=$a*4	将左边的值乘以右边
除	/=	$a/=5	$a=$a/5	将左边的值除以右边
连接字符	.=	$a. ='b'	$a=$a. 'b'	将右边的字符加到左边
取余数	%=	$a%=5	$a=$a%5	将左边的值对右边取余数

 2.10.4　递增或递减运算符

算术运算符适合在有两个或者两个以上不同操作数的场合使用。当只有一个操作数时，使用算术运算符是没有必要的。这时可以使用递增运算符"++"或者递减运算符"—"。

递增或递减运算符有两种使用方法，一种是将运算符放在变量前面，即先将变量作加1或减1的运算后再将值赋给原变量，叫作前置递增或递减运算符；另一种是将运算符放

在变量后面，即先返回变量的当前值，然后变量的当前值作加 1 或减 1 的运算，叫作后置递增或递减运算符。

 ### 2.10.5　位运算符

位运算符是指对二进制位从低位到高位对齐后进行运算。PHP 中常用的位运算符如表 2-13 所示。

表 2-13　位运算符

符号	作用	举例
&	按位与	$m \& $n
|	按位或	$m | $n
∧	按位异或	$m ∧ $n
~	按位取反	~$m
<<	向左移位	$m<<$n
>>	向右移位	$m>>$n

【例 2.17】下面使用位运算符对变量中的值进行位运算操作。实例代码如下：

```php
<? php
    $m = 8;
    $n = 12;
    $mn = $m & $n;                    //位与
    echo $mn."";
    $mn = $m | $n;                    //位或
    echo $mn."";
    $mn = $m ∧ $n."";                 //位异或
    echo $mn."";
    $mn = ~$m;                        //位取反
    echo $mn."";
? >
结果为：8  12  4  -9
```

 ### 2.10.6　逻辑运算符

逻辑运算符用来组合逻辑运算的结果，是程序设计中一组非常重要的运算符。PHP 中的逻辑运算符如表 2-14 所示。

表 2-14　逻辑运算符

运算符	举例	结果为真
&& 或 and（逻辑与）	$m and $n	当 $m 和 $n 都为真时
|| 或 or（逻辑或）	$m || $n	当 $m 为真或者 $n 为真时
xor（逻辑异或）	$m xor $n	当 $m 和 $n 一真一假时
!（逻辑非）	! $m	当 $m 为假时

在逻辑运算符中，逻辑与和逻辑或这两个运算符有 4 种运算符号（&&、and、\|\|
和 or），其中属于同一个逻辑结构的两个运算符号（例如 && 和 and）之间却有着不同的
优先级。

【例 2.18】本例分别使用逻辑或中的运算符号 \|\| 和 or 进行相同的判断，由于同一逻
辑结构的两个运算符 \|\| 和 or 的优先级不同，输出的结果也不同。实例代码如下：

```
<? php
    $ i = true;                //声明一个布尔型变量 $ i，赋值为真
    $ i = true;                //声明一个布尔型变量 $ j，赋值也为
    $ z = false;               //声明一个初值为假的布尔变量 $ z
    if ( $ i or $ j and $ z)   //用 or 进行判断
        echo "true";           //如果 if 表达式为真，输出 true
    eLse
        echo "false";          //否则输出 false
echo "<br>";
    if ( $ i || $ jand $ z)    //用 || 进行判断
        echo "true";           //如果表达式为真，输出 true
    else
        etho "false";          //如果表达式为假，输出 false
结果为：true
        false
```

2.10.7　比较运算符

比较运算符就是对变量或表达式的结果进行大小、真假等比较，如果比较结果为真，
则返回 true，如果为假，则返回 false。PHP 中的比较运算符如表 2-15 所示。

表 2-15　比较运算符

运算符	名称	例子	结果
==	等于	$ a == $ b	如果 $ a 等于 $ b，则返回 true。

运算符	名称	例子	结果
===	全等（完全相同）	$a === $b	如果 $a 等于 $b，且它们类型相同，则返回 true。
!=	不等于	$a != $b	如果 $a 不等于 $b，则返回 true。
<>	不等于	$a <> $b	如果 $a 不等于 $b，则返回 true。
!==	不全等（完全不同）	$a !== $b	如果 $a 不等于 $b，或它们类型不相同，则返回 true。
>	大于	$a > $b	如果 $a 大于 $b，则返回 true。
<	小于	$a < $b	如果 $a 小于 $b，则返回 true。
>=	大于或等于	$a >= $b	如果 $a 大于或者等于 $b，则返回 true。
<=	小于或等于	$a <= $b	如果 $a 小于或者等于 $b，则返回 true。

其中，不太常见的是"==="和"!=="。$a === $b，说明 $a 和 $b 不只是数值上相等，而且两者的类型也一样。"!=="和"==="的意义相近，$a !== $b 是指 $a 和 $b 或者数值不等，或者类型不等。

【例 2.19】本例使用比较运算符对变量中的值进行比较，设置变量 $value = "100"，变量的类型为字符串型，将变量 $value 与数字 100 进行比较，会发现比较的结果非常有趣。其中使用的 var_dump() 函数是系统函数，作用是输出变量的相关信息。实例代码如下：

```php
<?php
    $value = "100";                  //声明一个字符串变量 $value
    echo "\$value = \"$value\"";
    echo "<p>\$value = 100：";
    var_dump($value == 100);         //结果为：bool(true)
    echo "<p>\$value - = true：";
    var_dump($value == true);        //结果为：bool(true)
    echo "<p>\$value != null：";
    var_dump($value != null);        //结果为：bool(true)
    echo "<p>\$value = false：";
    var_dump($value == false);       //结果为：bool(false)
    echo "<p>\$vaLue === 100：";
    var_dump($value === 100;         //结果为：boo!(false)
    acho "<p>\$alue === true：";
    var_dump($value === true);       //结果为：bool(true)
    echo "<p>(10/2.0 !== 5)：";
```

```
    var_dump (10/2.0! = = 5);                        //结果为：bool (true)
? >
```

运行结果如图 2-37 所示。

图 2-37　比较运算符的应用

2.10.8　条件运算符

条件运算符（?:），也称为三目运算符，用于根据一个表达式在另外两个表达式中选择一个，而不是用来在两个语句或者程序中选择。条件运算符最好放在括号里使用。

【例 2.20】下面应用条件运算符实现一个简单的判断功能，如果正确则输出"条件运算"，否则输出"没有该值"。实例代码如下：

```
<? php
$ value = 100;                                        //声明一个变量
echo ( $ value = = = true)?"条件运算符":"没有该值";//对整形变量进行判断
? >
```

结果为：条件运算

2.10.9　运算符的优先级

所谓运算符的优先级，是指在应用中哪一个运算符先计算，哪一个后计算，与数学的四则运算遵循的"先乘除，后加减"是一个道理。

PHP 的运算符在运算中遵循的规则是：优先级高的运算先执行，优先级低的运算后执行，同一优先级的操作按照从左到右的顺序执行。也可以像四则运算那样使用小括号，括号内的运算最先执行。表 2-16 从高到低列出了运算符的优先级。同一行中的运算符具有相同优先级，此时它们的结合方向决定了求值顺序。

表 2-16　运算符的优先级

运算符	描述
clone new	clone 和 new
[	array0
++，－	递增/递减运算符
～（int）（float）（string）（array）（object）（bool）@	类型
instanceof	类型
!	逻辑操作符
*　/　%	算术运算符
+　-　.	算术运算符和字符串运算符
<<　>>	位运算符
==，!，=，===，! ==，<，>	比较运算符
&	位运算符和引用
∧	位运算符
|	位运算符
&&	逻辑运算符
||	逻辑运算符
? :	条件运算符
=，+=，－=，*=，/=，.=，%=，&=，|=，∧=，<<=，>>=，=>	赋值运算符
and	逻辑运算符
xor	逻辑运算符
or	逻辑运算符
,	多处用到

　　这么多的级别全部记住是不太现实的，也是没有必要的。如果写的表达式真的很复杂，而且包含了较多的运算符，可以多使用括号来实现，例如：

```
<? php
    $ a and（（$ b! = $ c）or（5 *（50 － $ d）））
? >
```

　　这样就会减少出现逻辑错误的可能。

2.11　PHP 的表达式

表达式是在特定语言中表达一个特定的操作或动作的语句。PHP 的表达式也有同样的作用。

表达式包含"操作数"和"操作符"。操作数可以是变量，也可以是常量。操作符则体现了要表达的各个行为，如逻辑判断、赋值、运算等。

例如，＄a：5 就是表达式，而＄a：5，则为语句。另外，表达式也有值，例如＄a＝1 表达式的值为1。

2.12　PHP 函数

在开发过程中，经常要重复某种操作或处理，如数据查询、字符操作等，如果每个模块的操作都要重新输入代码，不仅令程序员头痛不已，而且对于代码的后期维护及运行效果也有较大的影响，使用 PHP 函数即可让这些问题迎刃而解。

 ### 2.12.1　定义和调用函数

函数，就是将些重复使用到的功能写在一个独立的代码块中，在需要的时候单独调用。创建函数的基本语法格式如下：

```
function fun_name (＄str1，＄str2...＄strn) {
fun_body;
}
```

function：为声明自定义函数时必须使用到的关键字。

结果为：fun_name：为自定义函数的名称。

＄str1...＄strn：为函数的参数。

fun_body：为自定义函数的主体，是功能实现部分。

当函数被定义后，所要做的就是调用这个函数。调用函数的操作十分简单，只需要引用函数名并赋予正确的参数即可。

【例 2.21】定义函数 example ()，计算传入的参数的平方，然后连同表达式和结果全部输出，代码如下：

```
<? php
/＊声明自定义函数＊/
```

```
function example（$ num）{
return "$ num * $ num = ". $ num * $ num;        //返回计算后的结果
}
echo example（10）;                    //调用函数
? >
```

结果为：10 * 10 = 100

2.12.2　在函数间传递参数

在调用函数时需要向函数传递参数，被传入的参数称为实参，而函数定义的参数为形参。参数传递的方式有按值传递、按引用传递和默认参数3种。

1. 按值传递

按值传递是指将实参的值复制到对应的形参中，在函数内部的操作针对形参进行，操作的结果不会影响到实参，即函数返回后，实参的值不会改变。

【例2.22】首先定义一个函数 example（），功能是将传入的参数值做运算后再输出。接着在函数外部定义一个变量 $ m，也就是要传进来的参数。最后调用函数 example（$ m），输出函数的返回值 $ m 和变量 $ m 的值，代码如下：

```
< ? php
function example（$ m）{            //定义一个函数
$ m = $ m * 5 + 10;
echo "在函数内：\ $ m = ". $ m;        //输出形参的值
}
$ m = 1
example（$ m）;                    //传递值，将 $ m 的值传递给形参 $ m
echo "<p>在函数外 \ $ m = $ m<p>"    //实参的值没有发生变化，输出 m = 1
? >
```

运行结果如图 2-38 示。

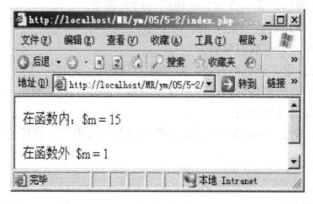

图 2-38　按值传递

2. 按引用传递

按引用传递就是将实参的内存地址传递到形参中。此时，在函数内部的所有操作都会影响到实参的值，返回后实参的值也会发生变化。按引用传递就是在传值时在原基础上加 & 号。

【例 2.23】仍然使用例 2.22 中的代码，唯一不同的地方就是多了一个 & 号，代码如下：

```php
<? php
function example (& $ m) {              //定义一个函数，同时传递参数
$ m 的变量
$ m = $ m * 5 + 10;
echo "在函数内：\ $ m = " . $ m;          //输出形参的值
}
$ m = 1;
example ( $ m);                          //传递值：将 $ m 的值传递给形参 $ m
echo "<p>在函数外：\ $ m = $ m´p>";      //实参的值发生变化，输出 m = 15
? >
```

运行结果如图 2-39 所示。

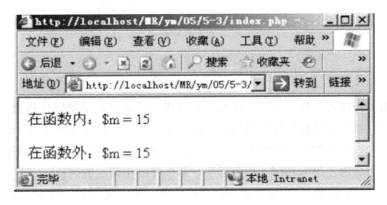

图 2-39　按引用传递方式

3. 默认参数（可选参数）

还有一种设置参数的方式，即默认参数即可选参数。可以指定某个参数为可选参数，将可选参数放在参数列表末尾，并且指定其默认值为空。

【例 2.24】使用可选参数实现一个简单的价格计算功能。设置自定义函数 values 的参数 $ tax 为可选参数，其默认值为空。第一次调用该函数，并且给参数 $ tax 赋值 0.25，输出价格；第二次调用该函数，不给参数 $ tax 赋值，输出价格，代码如下：

```php
<? php
function values ( $ price, $ tax =´) {   //定义一个函数，其中的一个参数初始值为空
```

```
    $ price = $ price + ( $ price * $ tax);              //声明一个变量 $ price，等于两个参
数的运算结果
    echo "价格：$ price<br>";                    //输出价格
    }
    values (100, 0.25);                        //为可选参数赋值 0.25
    values (100),                              //没有给可选参数赋值
    ? >
```

运行结果如图 2-40 所示。

图 2-40　可选参数

2.12.3　从函数中返回值

前面介绍了如何定义和调用一个函数，并且讲解了如何在函数间传递值，这里将讲解函数的返回值。通常，函数将返回值传递给调用者的方式是使用关键字 return。

return () 将函数的值返回给函数的调用者，即将程序控制权返回到调用者的作用域。如果在全局作用域内使用 return () 关键字，那么将终止脚本的执行。

【例 2.25】使用 return () 函数返回一个操作数。先定义函数 values，函数的作用是输入物品的单价、重量，然后计算总金额，最后输出商品的价格，代码如下：

```
< ? php
function values ( $ price, $ tax = 0.45) {      //定义一个函数，函数中的一个参数有
默认值
    $ price = $ price + ( $ price' $ tax);           //计算物品金额
    return $ price;                           //返回金额
    }
    echo values (100);                        //调用函数
    ? >
```

运行结果为：145

return 语句只能返回一个参数，即只能返回一个值，不能一次返回多个。如果要返回多个结果，就要在函数中定义一个数组，将返回值存储在数组中返回。

 2.12.4 变量函数

变量函数也称作可变函数。如果一个变量名后有圆括号，PHP 将寻找与变量的值同名的函数，并且尝试执行它。这样就可以将不同的函数名称赋予同一个变量。赋予变量哪个函数名，在程序中使用变量名并在后面加上圆括号时，就调用哪个函数执行，类似面向对象中的多态特性。变量函数还可以用于实现回调函数、函数表等。

【例 2.26】首先定义 a（）、b（）、c（）3 个函数，分别用于计算两个数的和、平方和及立方和。将 3 个函数的函数名（不带圆括号）以字符串的方式赋予变量 $result，然后使用变量名 $result 后面加上圆括号并传入两个整型参数，此时就会寻找与变量 $result 的值同名的函数执行，代码如下：

```php
<?php
//声明第一个函数 a，计算两个数的和，需要两个整型参数，返回计算后的值
function a（$a，$b）{
return $a+$b;
}
//声明第一个函数 b，计算两个数的平方和，需要两个整型参数，返回计算后的值
function b（$a，$b）{
return $a*$a+$b*$b;
}
//声明第一个函数 c，计算两个数的立方和，需要两个整型参数，返回计算后的值
function c（$a，$b）{
return $a*$a*$a+$b*$b*$b;
}
$result = "a"；将函数名 "a" 赋值给变量 $result，执行 $result（）时则调用函数 a（）
//$result = "b"；将函数名 "b" 赋值给变量 $result，执行 $result（）时则调用函数 b（）
//$result = "e"；将函数名 "c" 赋值给变量 $result，执行 $result（）时则调用函数 coecho "运算结果是：".$result（2，3）;
?>
```

运行结果如图 2-41 所示。

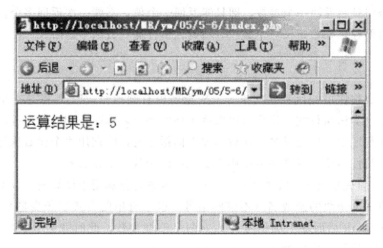

图 2-41　变量函数

 2.12.5　对函数的引用

按引用传递参数可以修改实参的内容。引用不仅可用于普通变量、函数参数，也可用于函数本身。对函数的引用，就是对函数返回结果的引用。

【例 2.27】首先定义一个函数，在函数名前加"&"。接着通过变量 $str 引用该函数，最后输出变量 $str，实际上就是 $tmp 的值，代码如下：

```php
<? php
function &example（$tmp = 0）{        //定义一个函数，注意加"&"符
    return $tmp;                      //返回参数 $tmp
    }
    $str = &example（"看到了"）;       //声明一个函数的引用 $str;
    echo $str. "<p>";                //输出 $str
? >
```

结果为：看到了

 2.12.6　取消引用

当不再需要引用时，即可以取消引用。取消引用使用 unset 函数，它只是断开了变量名和变量内容之间的绑定，而不是销毁变量内容。

【例 2.28】首先声明一个变量和变量的引用，输出引用后取消引用，再次调用引用和原变量。可以看到，取消引用后对原变量没有任何影响，代码如下：

```php
<? php
$num = 1234;                         //声明一个整型变量
$math = & $num;                      //声明一个对变量 $num 的引用
```

```
$ math
echo " \ $ math is:". $ math. "<br>";     //输出引用 $ math
unset（$ math);                           //取消引用 $ math
echo "/ $ num is:". $ num;               //输出原变量
? >
```

运行结果为：$ math is：1234 $ num is：1234

2.13 PHP 编码规范

由于现在的 Web 开发往往是多人一起合作完成的，因此使用相同的编码规范非常重要，特别是新的开发人员参与时，通常需要知道前面开发代码中变量或函数的作用等，这就需要统一的编码规范。

2.13.1 什么是编码规范

编码规范是一套某种编程语言的导引手册，这种导引手册规定了一系列语言的默认编程风格，以增强语言的可读性、规范性和可维护性。一个语言的编码规范主要包括文件组织、缩进、注释、声明、空格处理、命名规则等。

（1）遵守编码规范有以下好处。

（2）编码规范是团队开发中对每个成员的基本要求。编码规范的好坏是一个程序员成熟程度的表现。

（3）提高程序的可读性，有利于开发人员互相交流。

（4）良好一致的编程风格，在团队开发中可以达到事半功倍的效果。

（5）有助于程序的维护，降低软件成本。

2.13.2 PHP 中的编码规范

PHP 作为一种高级语言，十分强调编码规范。

1. 表述

在 PHP 的正常表述中，每一句 PHP 语句都是以 ";" 结尾，这个规范就告诉 PHP 要执行此语句，例如：

```
<? php
echo "php 以分号表示语句的结束和执行。";
? >
```

2. 指令分隔符

在 PHP 代码中，每个语句后需要用分号结束命令。一段 PHP 代码中的结束标记隐含表示了一个分号，所以在 PHP 代码段中的最后一行可以不用分号结束。例如：

```
<? php
    echo "这是第一个语句";           //每个语句都加入分号
    echo "这是第二个语句";
    echo "这是最后一个语句"? >       //结束标记"? >"隐含了分号，这里可以省略
分号
```

3. 空白符

PHP 对空格、回车造成的新行、Tab 等留下的空白的处理也遵循编码规范，对它们都进行了忽略。这跟浏览器对 HTML 语言中的空白处理是一样的。

合理利用空白符可以增强代码的可读性和清晰性。

（1）下列情况应该总是使用两个空白行。

①两个类的声明之间。

②一个源文件的两个代码片段之间。

（2）下列情况应该总是使用一个空白行。

①两个函数声明之间。

②函数内的局部变量和函数的第一个语句之间。

③块注释或单行注释之前。

④一个函数内的两个逻辑代码段之间。

（3）合理利用空格缩进可以提高代码的可读性。

①空格通常使用于关键字与括号之间，但是函数名称与左括号之间不能使用空格分开。

②函数参数列表中的逗号后面通常会插入空格。

③for 语句的表达式应该用逗号分开，后面添加空格。

 2.13.4　注释

为了增强可读性，在很多情况下，程序员都需要在程序语句的后面添加文字说明。而 PHP 要把它们与程序语句区分开，就需要让这些文字注释符合编码规范。

注释的风格包括 C 语言风格、C++风格和 SHELL 风格。

1）C 语言风格

```
/* 这是 C 语言风格的注释内容 */
这种方法还可以多行使用：
/* 这是
C 语言风格
的注释内容
*/
```

2）C++风格

//这是 C++风格的注释内容行一

//这是 C++风格的注释内容行二

3）SHELL 风格

♯这是 SHELL 风格的注释内容

C++风格和 SHELL 风格的注释只能一句注释占用一行，既可单独一行，也可使用在 PHP 语句之后的同一行。

 2.13.5　与 HTML 语言混合搭配

在一对 PHP 开始和结束标记之外的内容都会被 PHP 解析器忽略，这使得 PHP 文件可以具备混合内容，使 PHP 嵌入到 HTML 文档中。例如：

```
<HTML>
<HEAD>
  <TITLE>PHP 与 HTML 混合</TlTLE>
</HEAD>
<BODY>
<? php
    echo"嵌入自 PHP 代码";
? >
</BODY>
<HTML>
```

 2.14　难点解答

 2.14.1　类型转换异常

值类型变量直接存储其数据值，主要包含整数类型、浮点类型以及布尔类型等。值类型变量在栈中进行分配，因此效率很高，使用值类型变量的主要目的是提高性能。在类型转换时，注意不要将未知的小数强制转换为 integer，这样有时会导致不可预料的结果，例如：

```
<? php
echo (int) ( (0.1+0.7) *10);          //输出 7
```

? >

 2.14.2　什么函数需要使用默认参数

参数个数不确定的情况下，如果调用函数时，缺少参数，PHP 会提示"参数缺失"。例如，定义一个函数 address（＄province，＄city，＄district，＄detail），这 4 四个参数分别代表省、市、区和具体住址。但是对于直辖市而言，如北京，不是以省份开头。所以，就没有相应的第 4 个参数。这时，就可以使用默认参数来解决该问题。可以这样定义函数：address（＄province，＄city，＄district，＄detail＝"），使第 4 个参数默认为空字符串。

 ## 2.15　小结

本章主要介绍了在 Windows 和 Lunix 下搭建 PHP 环境，包括 Apache、PHP 5 和 MySQL 的安装与使用等知识。还介绍了如何让 IIS 支持 PHP 5。除此之外，又介绍了几种方便的组合包和当前比较流行的 PHP 开发工具。希望读者通过本章的学习，能对 PHP 有一个初步的了解，并选择一种适合自己的开发工具。此外还介绍了 PHP 语言的基础知识，包括数据类型、常量、变量、运算符、表达式和自定义函数，并详细介绍了各种类型之间的转换、系统预定义的常量、变量、算术优先级和如何使用函数。最后，又介绍了 PHP 编码规范。基础知识是一门语言的核心，希望初学者能静下心来，牢牢掌握本章的知识，这样对以后的学习和发展能起到事半功倍的效果。

 ## 2.16　实践与练习

1. 尝试开发一个页面，使用 echo 语句输出字符串"恭喜您走上 PHP 的编程之路！"。

2. 尝试开发一个页面，使用 echo 语句输出一个 4×3 像素大小的表格。

3. 动态网页的特点是能够人机交互，但有时却需要限制用户的输入。使用 PHP 函数判断输入（这里先假定一个变量）数据是否符合下列要求：输入必须为全数字，输入数字的长度不允许超过 25，并且输入不允许为空。注：获取字符串长度函数为 strlen（string）。

4. 获取当前访问者的计算机信息，如 IP、端口号等。

5. PHP 的输出语句有 echo、print、printf、print _ r。尝试使用这 4 个语句输出数据，看它们之间有什么不同。

第3章

流程控制语句

 3.1 条件控制语句

条件控制语句中包含两个主要的语句，一个是 if 语句，一个是 switch 语句。

 3.1.1 单一条件分支结构（if 语句）

if 语句是最为常见的条件控制语句，格式为：

```
if（条件判断语句）{
    命令执行语句；
}
```

这种形式只是对一个条件进行判断。如果条件成立，就执行命令语句，否则不执行。if 语句的控制流程如图 3-1 所示。

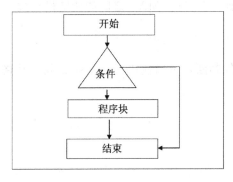

图 3-1 if 语句控制流程图

【例 3.1】首先使用 rand（）函数生成一个随机数 $num，然后判断这个随机数是否奇数，如果是，则输出结果。

```
<? php
$ num = rand (1, 100);          //用 rand () 函数生成一个随机数
if ( $ num % 2 ! = 0) {          //判断变量 $ num 是否为奇数
    echo "\ $ num = $ num";     //如果为奇数，输出表达式和说明文字
echo "<br/> $ num 是奇数。";
}
? >
```

运行后刷新页面，结果如图 3-2 所示。

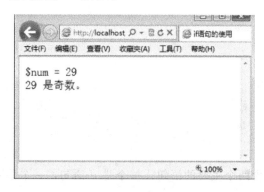

图 3-2　程序运行结果

（1）此实例首先使用 rand () 函数随机生成一个整数 $ num，然后判断这个随机整数是不是奇数。若是，则输出上述结果；若不是，则不输出任何内容。如果页面内容显示为空，则刷新页面即可。

（2）rand () 函数返回随机整数，语法格式如下：

rand (min, max)

此函数主要返回 min 和 max 之间的一个随机整数。如果没有提供可选参数 min 和 max，则 rand () 返回 0 到 RAND_MAX 之间的伪随机整数。

 3.1.2　双向条件分支结构 (if…else 语句)

如果是非此即彼的条件判断，可以使用 if...else 语句，其格式为：

if（条件判断语句）{
　　命令执行语句 A；
} else {
命令执行语句 B；
}

这种结构形式首先判断条件是否为真，如果为真，则执行命令语句 A，否则执行命令语句 B。

if...else 语句控制流程如图 3-3 所示。

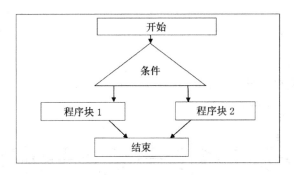

图 3-3 if...else 语句控制流程图

【例 3.2】使用 if...else 语句判断今天是否为周五。

```php
<? php
$ d = date（"D"）;                      //定义时间变量
if（$ d = = "Fri"）                      //判断时间变量是否等于周五
    echo "今天是周五哦!";
else
    echo "可惜今天不是周五!";
? >
```

运行后结果如图 3-4 所示。

图 3-4 程序运行结果

3.1.3 多项条件分支结构

在条件控制结构中，有时会出现多种选择，此时可以使用 elseif 语句，语法格式为：

```php
if（条件判断语句）{
    命令执行语句;
} elseif（条件判断语句）{
    命令执行语句;
} ...
```

```
else {
    命令执行语句；
} ...
```

elseif 语句控制流程如图 3-5 所示。

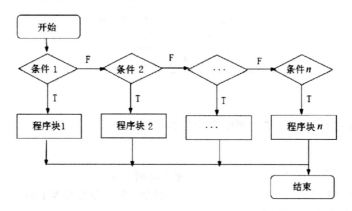

图 3-5   elseif 语句控制流程图

【例 3.3】使用 elseif 语句判断成绩是否为优。

```
<? php
    $ score = 85;                                    //设置成绩变量 $ score
    if ( $ score> = 0 and $ score< = 60) {           //判断成绩变量是否在 0～60 之间
    echo "您的成绩为差"；                              //如果是，说明成绩为差
    } elseif ( $ score>60 and $ score< = 80) {       //否则判断成绩变量是否在 61～80 之间
    echo "您的成绩为中等"；                            //如果是，说明成绩为中等
} else {                                             //如果两个判断都是 false，则输出默认值
echo "您的成绩为优等"；                                //说明成绩为优等
}
? >
```

运行后结果如图 3-6 所示。

图 3-6   程序运行结果

3.1.4 多项条件分支结构

switch 语句的结构给出不同情况下可能执行的程序块，条件满足哪个程序块，就执行哪个语句。它的语法格式为：

```
switch（条件判断语句）{
        case 可能判断结果 a：
            命令执行语句；
        break；
        case 可能判断结果 b：
            命令执行语句；
        break；
        ...
        default：
        命令执行语句；
}
```

其中，若"条件判断语句"的结果符合某个"可能判断结果"，就执行其对应的"命令执行语句"。如果都不符合，则执行 default 对应的默认项的"命令执行语句"。

switch 语句的控制流程如图 3-7 所示。

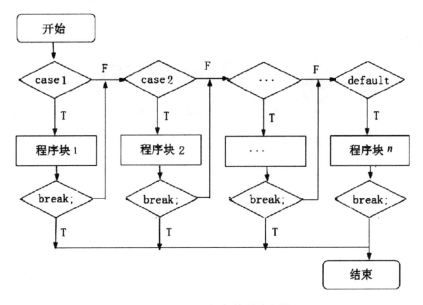

图 3-7 switch 语句控制流程图

【例 3.4】使用 switch 语句判断当前数值为多少。

```
<? php
    $ x = 5；                        //定义变量 $ x
    switch（$ x）                    //判断 $ x 与 1～5 之间数值的关系
```

```
    {
    case1：
    echo "数值为 1"
    break;
case2：
    echo "数值为 2";
    break;
case3：
    echo "数值为 3";
    break;
    case4：
    echo "数值为 4";
    break;
    case 5：
    echo "数值为 5";
  break;
default：
echo "数值不在 1 到 5 之间";
}
? >
```

运行后结果如图 3-8 所示。

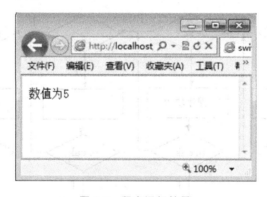

图 3-8　程序运行结果

 ## 3.2　循环控制语句

　　循环控制语句主要包括 3 种，即 while 循环、do...while 循环和 for 循环。while 循环在代码运行的开始检查表述的真假；而 do...while 循环则在代码运行的末尾检查表述的

真假，即 do...while 循环至少要运行一遍。

 3.2.1　while 循环语句

while 循环的结构为：

while（条件判断语句）{

命令执行语句：

}

其中，当"条件判断语句"为 true 时，执行后面的"命令执行语句"，然后返回条件表达式继续进行判断，直到表达式的值为假才跳出循环，执行后面的语句。

while 循环语句的控制流程如图 3-9 所示。

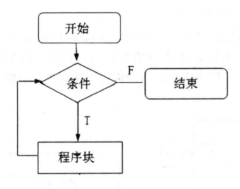

图 3-9　while 语句控制流程图

【例 3.5】计算出 20 以内的奇数有哪些。

```php
<? php
$ num = 1;                              //定义变量 $ num
$ str = "20 以内的奇数为:";              //定义变量 $ str
while ( $ num < = 20) {                  //判断 $ num 是否小于或等于 20
    if ( $ num % 2! = 0) {               //判断 $ nurrt 是否为奇数，为奇数则输
出，否则做加一操作
        $ str. = $ num."";
    }
    $ num + + ;
}
    echo $ str;
? >
```

运行后结果如图 3-10 所示。

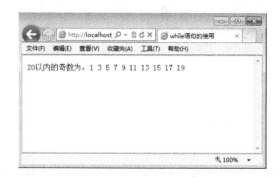

图 3-10　程序运行结果

3.2.2　do...while 循环语句

while 语句还有另一种形式，即 do...while。两者的区别在于，do...while 要比 while 语句多循环一次。由于当 while 表达式的值为假时，while 循环直接跳出当前循环；而 do...while 语句则是先执行一遍程序块，然后再对表达式进行判断。do...while 语句的操作流程如图 3-11 所示。

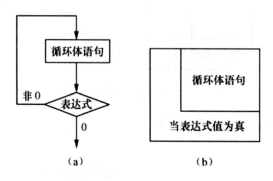

图 3-11　do...while 语句操作流程图

【例 3.6】通过 do...while 语句计算一个员工的工龄工资增加情况。核心代码如下：

```php
<? php
$ a = 1;                    //定义变量 $ a 的值为 1
$ year = 10;
do {
$ price = 50 * 12 * $ a;
echo "您第" . $ a. "年的工龄工资为<b> " $ price. "</b>元<br> ";
$ a + + ;
} while ( $ a< = $ year);
? >
```

运行结果如图 3-12 所示。

图 3-12　程序运行结果

　　前面已经讲过，如果使用 do...while 语句计算员工的工龄工资，当变量 a 的值等于11 时，会得到一个意想不到的结果。下面就来具体操作一下，看看会得到一个什么样的结果。定义变量 a 的值为 11，重新执行示例，其代码如下：

```php
<?php
$a=11;                //当直接定义变量＄a的值为11时，仍可以输出第11年的工资
$year=10;             //定义初始变量＄year=10
do {
$price=50*12*$a,
echo"您第"$a."年的工龄工资为<b>"$price."</b>元<br>";
$a++;
//当＄year等于10时，程序没有停止，继续计算第11年的工资，当＄year等于11时判
```
断条件不符，停止循环，但是第 11 年的工资已经输出了。

```php
?>
```

运行结果如图 3-13 所示。

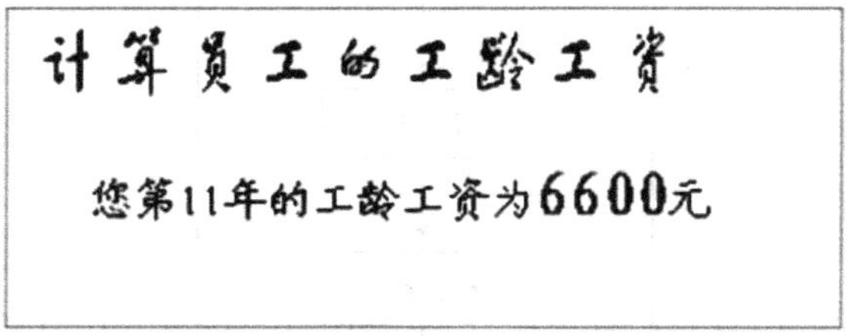

图 3-13　程序运行结果

　　这就是 while 和 do...while 语句之间的区别。do...while 语句是先执行后判断，无论表达式的值是否为 True，都将执行一次循环；而 while 语句则是首先判断表达式的值是否为 True，如果为 True 则执行循环语句；否则将不执行循环语句。

编写这个示例意在说明 while 语句与 do...while 语句在执行判断上的一个小小区别，在实际的程序开发中不会出现上述情况。

 ### 3.2.3　for 循环语句

fo 语句是 PHP 中最复杂的循环控制语句，它拥有 3 个条件表达式。其语法如下：

```
for (exprl; exprl; expr3) {
statement
}
```

for 循环语句的参数说明如表 3-1 所示。

表 3-1　for 循环语句的参数介绍

参数	说明
exprl	必要参数。第一个条件表达式，在第一次循环开始时被执行
expr2	必要参数。第二个条件表达式，在每次循环开始时被执行，决定循环是否继续
expr3	必要参数。第三个条件表达式，在每次循环结束时被执行
statement	必要参数。满足条件后，循环执行的语句

其执行过程是：首先执行表达式 1；然后执行表达式 2，并对表达式 2 的值进行判断，如果值为真，则执行 for 循环语句中指定的内嵌语句，如果值为假，则结束循环，跳出 for 循环语句；最后执行表达式 3（切记是在表达式 2 的值为真时），最后返回表达式 2 继续循环执行。

for 循环语句的操作流程如图 3-14 所示。

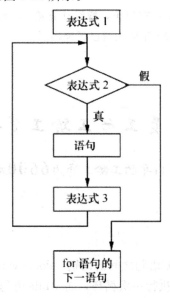

图 3-14　for 循环语句的操作流程图

【例3.7】使用 for 循环来计算 2~100 中所有偶数之和。核心代码如下：

```php
< ? php
$ b = "";
for ( $ a = 0； $ a< = 100； $ a + = 2) {              //执行 for 循环
$ b = $ a + $ b：                        //计算所有偶数之和
}
echo "结果为：<b>" . $ b. "</b>"；
? >
```

运行结果如图 3-15 所示。

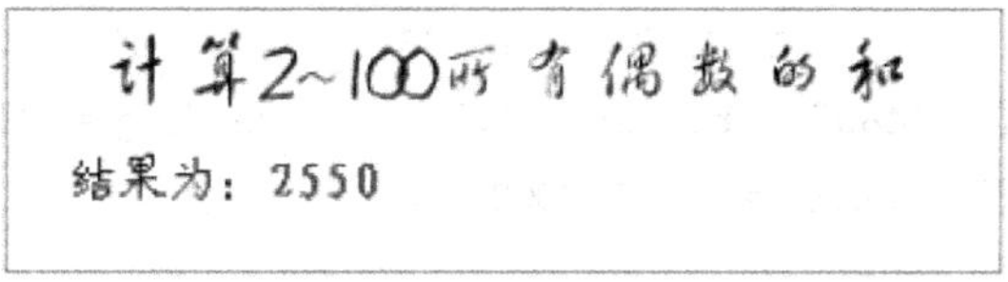

计算 2~100 所有偶数的和
结果为：2550

图 3-15　程序运行结果

3.2.4 foreach 循环语句

foreach 循环控制语句自 PHP4 开始被引入，主要用于处理数组，是遍历数组的一种简单方法。如果将该语句用于处理其他的数据类型或者初始化的变量，将会产生错误。该语句的语法有以两种格式：

```php
(1) foreach (array _ expression as $ value) {
statement
}
(2) foreach (array _ expression as $ key = > $ value) {
statement
}
```

参数 array _ expression 是指定要遍历的数组，其中的 $ value 是数组的值，$ key 是数组的键名；statement 是满足条件时要循环执行的语句。

在第 1 种格式中，当遍历指定的 array _ expression 数组时，每次循环都将当前数组单元的值赋予变量 $ value，并且将数组中的指针移动到下一个单元。

在第 2 种格式中的应用是相同的，只是在将当前单元的值赋予变量 $ value 的同时，将当前单元的键名也赋予了变量 $ key。

将 foreach 语句用于其他数据类型或者未初始化的变量时会产生错误。为了避免这个问题，最好使用 is _ array（）函数先来判断变量是否为数组类型。如果是，再进行其他操作。

【例3.8】应用 foreach 语句处理一个数组，实现输出购物车中商品的功能。这里假设将购物车中的商品存储于指定的数组中，然后通过 foreach 语句来输出购物车中的商品信息，其关键代码如下：

```php
<? php
/ *
```

PHP 中的数组元素较其他编程语言有所不同，PHP 中的数组下标可以为数字，默认情况下以 0 开始，数组下标还可以使用字符串作为数组键值，具体内容将在本书的数组课程中讲解。

```php
    * /
    $ name = array（"1" => "钢笔"，"2" => "衬衫"，"3" => "手机"，"4" => "电脑"）；　　　//定义数组并赋值
    $ price = array（"1" => "108 元"，"2" => "88 元"，"3" => "666 元"，"4" => "6666 元"）；
    $ counts = array（"1" =>1，"2" =>1，"3" =>2，"4" =>1）；
    echo< table width = "480"　border = "1"　cellpadding = "1"　cellspacing = "1" bordercolor2 "#FFFFFF" bgcolor = "#FF0000" >
        <tr>
            < td width = "144" align = "center" bgcolor = "#FFFFFF" class = "STYLE1" >商品名称</td>
            < td width = "144" align = "center" bgcolor = "#FFFFFF" class = " STYLE1" >价格</td>
            < td width = "144" align = "center" bgcolor = "#FFFFFF" class = "STYLE1" >数量</td>
            < td width = "144" align = "center" bgcolor = "#FFFFFF" class = " STYLE1" >金额</td>
        </tr>；
    foreach（$ name as $ key => $ value){　　　//使用 foreach 语句遍历数组，输出键和值
    echo<tr>
            <td height = "24" align = "center" bgcolor = "#FFFFFF" class = "STYLE2" >. $ value. </td>
            < td align = "center" bgcolor = "#FFFFFF" class = "STYLE2" >. $ price [$ key] .</td>
            < td align = "center" bgcolor = "#FFFFFF" class = "STYLE2" >. $ counts [$ key] .</td>
            < td align = "center" bgcolor = "#FFFFFF" class = "STYLE2" >. $ counts [$ key] * $ price [$ key] .</td>
        <tr>；
    }
    echo</table>；
    ? >
```

运行结果如图 3-16 所示。

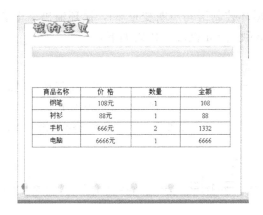

图 3-16 程序运行结果

3.3 跳转语句

跳转语句有 break 语句、continue 语句和 return 语句 3 个。其中前两个跳转语句使用起来非常简单而且非常容易掌握，主要原因是它们都被应用在指定的环境中，如 for 循环语句中。return 语句在应用环境上较前两者相对单一，一般被用在自定义函数和面向对象的类中。

 ### 3.3.1 break 跳转语句

break 关键字可以终止当前的循环，包括 while、do...while、for、foreach 和 switch 在内的所有控制语句。

break 语句不仅可以跳出当前的循环，还可以指定跳出几重循环。格式为：

```
break n;
```

参数 n 指定要跳出的循环数量。break 关键字控制流程如图 3-17 所示。

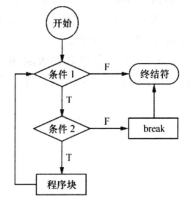

图 3-17 break 关键字控制流程图

【例3.9】应用 for 循环控制语句声明变量 $i，循环输出 4 个表情头像，当变量 $i 等于 4 时，使用 break 语句跳出 for 循环，代码如下：

```php
<? php
for（$si=1；$i<=4；$i++）{        //应用 for 循环控制语句输出表情头像
if（$i==4）{                    //判断变量是否等于 4
break;                          //如果等于 4，使用 break 语句跳出循环
}
? >
<input type = "radio" name = "head" value = "<? php echo（"images/". $ i. ".jpg");? >" />
<img src = "<? php echo（"images" . $ i. "jpg");? >" width = "90" height = "90" id = "head" />
< ? php
}
? >
```

运行结果如图 3-18 所示。

图 3-18　程序运行结果

 ### 3.3.2　continue 跳转语句

程序执行 break 语句后，将跳出循环继续执行循环体的后续语句。continue 跳转语句的作用没有 break 那么强大，只能终止本次循环，而进入下一次循环中。在执行 continue 语句后，程序将结束本次循环，并开始执行下一轮循环。continue 也可以指定跳出几重循环。continue 跳转语句的控制流程如图 3-19 所示。

【例3.10】使用 for 循环来计算 1～100 中所有奇数的和。在 for 循环中，当循环到偶数时，使用 continue 实现跳转，然后继续执行奇数的运算。代码如下：

```php
<? php
$ sum = 0;
for（$ i=1；$i<=100；$i++）{
if（$i%2==0）{
continue;
}
```

```
$ sum = $ sum + $ i;
}
echo $ sum;
? >
```

运行结果为：2500

break 和 continue 语句都用来实现跳转功能，但还是有区别的：continue 语句只结束本次循环，并不终止整个循环的执行；而 break 语句则会结束整个循环过程。

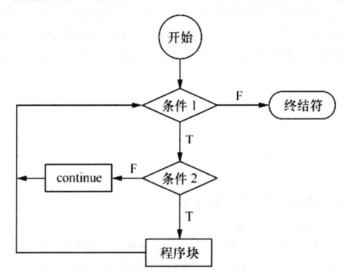

图 3-19 continue 跳转语句控制流程图

3.4 难点解答

 ### 3.4.1 if...else 执行顺序

当判断条件满足 if 条件又满足 else 条件时，程序该如何执行呢？程序运行时，会遵循由上至下的顺序。当遇到第一个满足的条件时，会选择第一个 if 条件，执行内部的代码块，跳过其余的代码块。

 ### 3.4.2 while 和 do...while 的区别

while 语句先判断循环条件，条件为真的时候，执行循环体，完成操作，一直循环，直到为 false 时，退出循环。

do...while 循环和 while 循环非常相似，区别在于表达式的值是在每次循环结束时检查而不是开始时。与 while 循环的主要区别是 do...while 循环语句保证会执行一次（表达式的真值在每次循环结束后检查），然而在 while 循环中就不一定了（表达式真值在循环开始时检查，如果一开始就为 false，则整个循环立即终止）。

3.5　小结

本章通过几个实例学习了 PHP 的流程控制语句。流程控制语句是程序中必不可少的，也是变化最丰富的技术。无论是入门的数学公式，还是高级的复杂算法，都是通过这几个简单的语句来实现的。希望读者学习完本章之后，通过不断练习和总结，能够掌握一套自己的方法和技巧。

3.6　实践与练习

1. 使用循环语句输出任意一个二维数组。

2. 使用循环语句输出杨辉三角。

3. 使用 while 循环和预定义变量，获取多个参数。参数的个数未定，如：http://localhost/l.php? nametm&password=11 l&date=20080424&id=1...

第4章

字符串操作与正则表达式

 ## 4.1 字符串的定义

字符串是由零个或多个字符构成的一个集合。字符包含以下几种类型。

(1) 数字类型。例如1、2、3等。

(2) 字母类型。例如a、b、c、d等。

(3) 特殊字符。例如♯、$、%、∧、&等。

(4) 不可见字符。例如\n（换行符）、\r（回车符）、\t（Tab字符）等。

其中，不可见字符是比较特殊的一组字符，通常用来控制字符串格式化输出，在浏览器上不可见，只能看到字符串输出的结果。

例如，在下面的代码中通过echo语句输出一组字符串，程序代码如下：

```
< ? php
echo "PHP从入门到精通\rASP从入门到精通\nJSP程序开发范例宝典\tPHP函数参考大
全";                //输出字符串

? >
```

在IE浏览器中不能直接看到字符串的运行结果，只有通过"查看源文件"才能看到不可见字符串的运行结果。

运行结果为：PHP从入门到精通

ASP从入门到精通

JSP程序开发范例宝典 PHP函数参考大全

4.2　字符串操作

字符串的操作在 PHP 编程中占有重要地位，几乎所有 PHP 脚本的输入与输出都会用到字符串。尤其是在 PHP 项目开发过程中，为了实现某项功能，经常需要对某些字符串进行特殊处理，如获取字符串的长度、截取字符串、替换字符串等。本节将对 PHP 常用的字符串操作技术进行详细讲解，并通过具体的实例加深对字符串函数的理解。

4.2.1　转义、还原字符串

在 PHP 编程的过程中，经常会遇到这样的问题，将数据插入数据库中时可能引起一些问题，出现错误或者乱码等，因为数据库将传入的数据中的字符解释成控制符。针对这样的问题，需要对特殊的字符进行转义。

因此，在 PHP 语言中提供了专门处理这些问题的技术，通过 addslashes（）函数和 stripslashes（）函数转义和还原字符串。

addslashes（）函数用来给字符串 str 加入斜线 "\"，对指定字符串中的字符进行转义。它可以转义的字符包括单引号 "'"、双引号 """"、反斜杠 "\"、NULL 字符 "0"。addslashes（）函数的语法如下：

string addslashes（string str）

参数 str 为将要被操作的字符串。

addslashes（）函数常用的地方就是在生成 SQL 语句时，对 SQL 语句中的部分字符进行转义。

既然有转义，就应该有还原。stripslashes（）函数将 addslashes（）函数转义后的字符串 str 还原。stripslashes（）函数的语法如下：

string stripslashes（string str）；

参数 str 为将要被操作的字符串。

【例 4.1】应用 addslashes（）函数对字符串进行转义，然后应用 stripslashes（）函数进行还原，代码如下：

```php
<? php
$ str = "select * from tb _ book where bookname = 'PHP 编程宝典'";
$ a = addslashes（$ str）;              //对字符串中的特殊字符进行转义
echo $ a. "<br>";                    //输出转义后的字符
$ b = stripslashes（$ a）;            //对转义后的字符进行还原
echo $ b. "<br>";                    //将字符原义输出
```

? >

运行结果为：select * from tb _ book where bookname = \ PHP 编程宝典 \

select * from tb _ book where bookname = 'PHP 编程宝典'

所有数据在插入数据库之前，都有必要使用 addslashes（）函数进行字符串转义，以免特殊字符未经转义在插入数据库的时候出现错误。另外，对于应用 addslashes（）函数实现的自动转义字符串可以应用 stripslashes（）函数进行还原，但数据在插入数据库之前必须再次进行转义。

如何控制转义、还原字符串的范围呢？

通过 addcslashes（）函数和 stripcslashes（）函数可以对指定范围内的字符串进行转义和还原。

（1）addcslashes（）函数对指定字符串中的字符进行转义，即在指定的字符 charlist 前加上反斜线。通过该函数可以将要添加到数据库中的字符串进行转义，从而避免出现乱码等问题。语法如下：

string addcslashes (string str, string charlist)

参数 str 为将要被操作的字符串；参数 charlist 指定在字符串中的哪些字符前加上反斜线 " \ "，如果参数 charlist 中包含 \ n、\ r 等字符，将以 C 语言风格转换，而其他非字母数字且 ASCII 码低于 32 位以及高于 126 位的字符均转换 8 进制。

（2）stripcslashes（）函数实现对 addcslashes（）函数转义的字符串 str 进行还原。语法如下：

string stripcslashes (string str)

参数 str 为将要被操作的字符串。

 4.2.2 截取字符串

对字符串进行截取是一个最为常用的方法。在 PHP 中应用 substr（）函数对字符串进行截取。

substr（）函数从字符串中按照指定位置截取一定长度的字符。如果使用一个正数作为子串起点来调用这个函数，将得到从起点到字符串结束的这个字符串；如果使用一个负数作为子串起点来调用，将得到一个原字符串尾部的一个子串，字符个数等于给定负数的绝对值。语法如下：

string substr (string str, int start [, int length])

· 参数 str 用来指定字符串对象。

· 参数 start 用来指定开始截取字符串的位置，如果参数 start 为负数，则从字符串的末尾开始截取。

· 参数 length 为可选项，指定截取字符的个数，如果 length 为负数，则表示取到倒数第 length 个字符。

    substr（）函数的操作流程如图 4-1 所示。

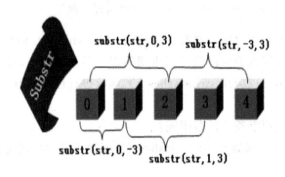

图 4-1 substr（）函数的操作流程

    substr 函数中参数 start 的指定位置是从 0 开始计算的，即字符串中的第一个字符表示为 0。

    【例 4.2】在开发 Web 程序时，为了保持整个页面的合理布局，经常需要对一些（例如：公告标题、公告内容、文章的标题、文章的内容等）超长输出的字符串内容进行截取，并通过"…"代替省略内容，代码如下：

```
<html xmlns = "http://www.w3.org/1999/xhtml">
<head>
<meta    http-equiv = "Content-Type"    content = "textjhtml; charset =
gb2312" />
<title>截取字符串</title>
</head>
<body>
<? php
$ str = "为进一步丰富编程词典的内容和观赏性，公司决定组织"春季盎然杯"摄影大
赛，本次参赛作品要求全部为春季拍摄，旨在展示我国北方地区春季生机盎然的景色。";
if (strlen ($ str) >40) {           //如果文本的字符串长度大于 40
echo substr ($ str, 0, 40) . "…";   //输出文本的前 50 个字符串，然后输出省略号
} else {                           //如果文本的字符串长度小于 40
echo $ str;                        //直接输出文本
}
? >
</body>
</html>
```

    运行结果如图 4-2 所示。

图 4-2 程序运行结果

在应用 substr() 函数对字符串进行截取时，应该注意页面的编码格式，切忌页面编码格式不能设置为 UTF-8。如果页面是 UTF-8 编码格式，那么应该使用 iconv_substr() 函数进行截取。

strlen() 函数获取字符串的长度，汉字占两个字符，数字、英文、小数点、下划线和空格占一个字符。

通过 strlen() 函数还可以检测字符串长度。例如，在用户注册中，通过 strlen() 函数获取用户填写用户密码的长度，然后判断用户密码长度是否符合指定的标准。关键代码如下：

```php
<? php
if (strlen ( $ _ POST [ "pwd"]) <6) {   //检测用户密码的长度是否小于6，不是则弹出警告信息
echo "<script> alert (用户密码的长度不得少于6位！请重新输入)";
history. back (); </script>";
} else {                 //用户密码大于等于6位，则弹出该提示信息
echo "用户信息输入合法！";
}
? >
```

4.2.3 分割、合成字符串

分割字符串将指定字符串中的内容按照某个规则进行分类存储，进而实现更多的功能。例如，在电子商务网站的购物车中，可以通过特殊标识符 "@" 将购买的多种商品组合成一个字符串存储在数据表中，在显示购物车中的商品时，通过以 "@" 作为分割的标识符进行拆分，将商品字符串分割成 N 个数组元素，最后通过 for 循环语句输出数组元素，即输出购买的商品。

字符串的分割使用 explode() 函数，按照指定的规则对一个字符串进行分割，返回值为数组。语法如下：

array explode（string separator，string str［，int limit］）

explode（）函数的参数说明如表 4-1 所示。

表 4-1　explode（）函数的参数说明

参数	说明
separator	必要参数，指定的分割符，如果 separator 为空字符串（""），explode（）将返同 false。如果 separator 所包含的值在 str 中找不到，那么 explode（）函数将返回包含 str 单个元素的数组
str	必要参数，指定将要被进行分割的字符串
limit	可选参数，如果设置 limit 参数，则返回的数组也含最多 limit 个元素，而最后的元素将包含 string 的剩余部分；如果 limit 参数是负数，则返回除了最后的一个 limit 元素外的所有元素

【例 4.3】应用 explode（）函数对指定的字符串以@为分隔符进行拆分，并输出返回的数组，代码如下：

```php
<? php
$ str =“PHP 编程宝典@NET 编程宝典@ASP 编程宝典@JSP 编程宝典”；//定义字符串常量
$ str _ arr = explode（“@”，$ str）；　　　//应用标识@分割字符串
print _ r（$ str _ arr）；　　　　　　　　//输出字符串分割后的结果
? >
```

运行结果为：Array（［0］=＞PHP 编程宝典［1］=＞NET 编程宝典［2］=＞ASP 编程宝典［3］=＞JSP 编程宝典）

既然可以对字符串进行分割并返回数组，那么就一定可以对数组进行合成，返回一个字符串。这就是 implode（）函数，将数组中的元素组合成一个新字符串。语法如下：

string implode（string glue，array pieces）

参数 glue 是字符串类型，指定分隔符。参数 pieces 是数组类型，指定要被合并的数组。

例如，应用 implode（）函数将数组中的内容以 * 为分隔符进行连接，从而组合成一个新的字符串。代码如下：

```php
<? php
$ str =“PHP 编程宝典 * NET 编程宝典 * ASP 编程宝典 * JSP 编程宝典”；　　//定义字符串常量
$ str _ arr = explode（“ * ”，$ str）；　　//应用标识 * 分割字符串
$ array = implode（“ * ”，$ str _ arr）；　　//将数组合成字符串
echo $ array；　　　　　　　　　　　　//输出字符串
? >
```

结果为：PHP 编程宝典 * NET 编程宝典 * ASP 编程宝典 * JSP 编程宝典

 4.2.4 替换字符串

字符串的替换技术，可以屏蔽帖子或者留言板中的非法字符，也可以对查询的关键字进行描红。PHP 中提供 str_ireplace（）函数和 substr_replace（）函数实现字符串的替换功能。

1. str_ireplace（）函数

str_ireplace（）函数使用新的子字符串（子串）替换原始字符串中被指定要替换的字符串。语法如下：

mixed str_ireplace（mixed search, mixed replace, mixed subject [, int&count]）

将所有在参数 subject 中出现的参数 search 以参数 replace 取代，参数 &count 表示取代字符串执行的次数。

str_ireplace（）函数的参数说明如表 4-2 所示。

表 4-2 str_ireplace（）函数的参数说明

参数	说明
search	必要参数，指定需要查找的字符串
replace	必要参数，指定替换的值
subject	必要参数，指定查找的范畴
count	可选参数，获取执行替换的数量

【例 4.4】应用 str_ireplace（）函数将文本中的字符串"MRSOFT"替换为"吉林省明日科技"，代码如下：

```
<? php
$ str = "MRSOFT 公司是一家以计算机软件技术为核心的高科技企业";
    //定义字符串常量
echo str_ireplace（"mrsoft"，"吉林省明日科技"，$ str);
//输出替换后的字符串
? >
```

结果为：吉林省明日科技公司是一家以计算机软件技术为核心的高科技企业。

2. substr_replace（）函数

substr_replace（）函数对指定字符串中的部分字符串进行替换。语法如下：

string substr_replace（string str, string repl, int start [, int length]）

substr_replace（）函数的参数说明如表 4-3 所示。

表 4-3　substr _ replace（）函数的参数说明

参数	说　明
replace string	指定要操作的原始字符串
replace	指定替换后的新字符串
start	指定替换字符串开始的位置。正数表示起始位置从字符串的开头开始；负数表示起始位置从字符串的结尾开始；0 表示起始位置从字符串中的第一个字符开始
length	可选参数，指定返回的字符串长度。默认值是整个字符串。正数表示起始位置从字符串的开头开始；负数表示起始位置从字符串的结尾开始；0 表示"插入"非"替代"

如果参数 start 设置为负数，而参数 length 的数值小于或等于 start 的数值，那么 length 的值自动为 0。

【例 4.5】使用 substr _ replace（）函数对指定的字符串进行替换，代码如下：

```php
<? php
$ str "用今日的辛勤工作，换明日的双倍回报!";        //定义字符串常量
$ replace = "百倍";                              //定义要替换的字符串
echo substr _ replace ( $ str, $ replace, 26, 4);      //替换字符串
? >
```

在上面的代码中，使用 substr _ replace（）函数将字符串"双倍"替换为字符串"百倍"。

运行结果为：用今日的辛勤工作，换明日的百倍回报！

 4.2.5　检索字符串

在 PHP 中，提供了很多应用于字符串查找的函数，如 strstr（）函数和 substr _ count（）函数。PHP 也可以像 Word 那样实现对字符串的查找功能。

1. strstr（）函数

strstr（）函数获取一个指定的字符串在另一个字符串中首次出现的位置直到后者末尾的子字符串。

如果执行成功，则返回剩余字符串（存在相匹配的字符）；否则返回 false。语法如下：

string strstr (string haystack, string needle)

参数 haystack 指定从哪个字符串中进行搜索；参数 needle 指定搜索的对象。如果该参数是一个数值，那么将搜索与这个数值的 ASCⅡ 码相匹配的字符。

【例4.6】应用 strstr（）函数获取上传图片的后缀，并判断上传图片格式是否正确。如果正确则将图片上传到服务器根目录下的 upload 文件夹下，否则给出提示信息。代码如下：

```php
<form  name = "form" method = "post"  action = "index. php"
enctype = "multipart/form - data" >
<input name = "u _ file" type = "file" size = "24" />
(<span class = "STYLE1" > ∗上传图片是 jpg 格式，大小不能超过 1. 2MB </span>)
<input type = "image" name = "imagefield" src = "imges/sc. bmp"
onClick = "form. submit ();" >
</form>
< ? php
header ( "Content - type: text/html; charset = utf - 8");
if ( $ _ FILES [u _ file] [name] = = = true) {
$ file _ path = "./upload\ \",            //定义图片在服务器中的存储位置
$ picture _ name = $ _ FILES [u _ file] [name];      //获取上传图片的名称
$ picture _ name = strstr ( $ picture _ name, ".");    //通过 strstr () 函数截取上传
图片的后缀
if ( $ picture _ name! = ". jpg" && $ picture _ name! = ". jpg") {
            //跟据后缀判断图片的格式
echo "<script>alert (上传图片格式不正确，请重新上传);
window. location. href = index. php; </script>";
} else if ( $ _ FILES [u _ file] [tmp _ name]) {
move _ uploaded _ file ( $ _ FILES [u _ file]    [tmp _ name],   $ file _ path. $ _
FILES [u _ file] [name]);          //执行图片上传
echo "<script>alert (图片上传成功!);
window. location. href = index. php; </script>";
} else {
echo "<script>alert (上传图片失败!);
window. location. href = index. php; </script>";
}
}
? >
```

运行结果如图 4-3 所示。

图 4-3　程序运行结果

2. 检索字符串行数扩展

（1）strstr（）函数区分大小写，如果不需要对大小写加以区分，可以使用 stristr（）函数。

（2）strstr（）函数从指定字符在另一个字符串中首次出现的位置开始查找。如果想从指定字符在另一个字符串中最后一次出现的位置开始查找，则可以使用 strrchr（）函数。strrchr（）函数区分大小写。

（3）stripos（）函数查找指定字符串（A）在另一个字符串（B）中首次出现的位置。该函数不区分大小写。如果要区分大小写，可以使用 strpos（）函数。

（4）strripos（）函数查找指定字符串（A）在另一个字符串（B）中最后一次出现的位置。本函数不区分大小写。如果要区分大小写，可以使用 strrpos（）函数。

3. substr ＿ count（）函数

检索字符串的函数，都是检索指定字符串在另一字符串中出现的位置，这里再介绍一个检索子串在字符串中出现次数的函数——substr ＿ count（）函数。substr ＿ count（）函数获取子串在字符串中出现的次数，语法如下：

int substr ＿ count（string haystack，string needle）

参数 haystack 是指定的字符串，参数 needle 为指定的子串。

例如，使用 substr ＿ count（）函数获取子串在字符串中出现的次数，代码如下：

```
<? php
$ str "PHP 编程宝典、JavaWeb 编程宝典、Java 编程宝典、VB 编程宝典";
                        //输出查询的字符串
echo substr _ count ( $ str，"编程宝典");        //输出查询的
字符串
? >
```

运行结果为：4

检索子串出现的次数一般常用于搜索引擎中，针对子串在字符串中出现的次数进行统计，便于用户第一时间掌握子串在字符串中出现的次数。

 ### 4.2.6 去掉字符串首尾空格和特殊字符

用户在输入数据的时候，经常会在无意中输入多余的空白字符，在某些情况下，字符串中不允许出现空白字符和特殊字符，这就需要去除字符串中的空白字符和特殊字符。PHP 提供了 trim（）函数去除字符串左右两边的空白字符和特殊字符、ltrim（）函数去除字符串左边的空白字符和特殊字符、rtrim（）函数去除字符串中右边的空白字符和特殊字符。

1. ltrim（）函数

ltrim（）函数用于去除字符串左边的空白字符或者指定字符串。语法如下：

string ltrim (string str [, string charlist]);

参数 str 是要操作的字符串对象，参数 charlist 为可选参数，指定需要从指定的字符串中删除哪些字符，如果不设置该参数，则所有的可选字符都将被删除。参数 charlist 的可选值如表 4-4 所示。

表 4-4 参数 charlist 的可选值

参数值	说明
\ 0	NULL，空值
\ t	tab，制表符
\ n	换行符
\ xoB	垂直制表符
\	回车符
""	空白字符

除了以上默认的过滤字符列表外，也可以在 charlist 参数中提供要过滤的特殊字符。

【例 4.7】使用 ltrim（）函数去除字符串左边的空白字符及特殊字符"（: * _ *，代码如下：

```php
<? php
$ str = "（:_@ _ @有一条路走过了总会想起！@ _ @:）";
$ sfrs = "（: * _ *有一条路走过了总会想起！ * _ *:）";
echo $ str. " \ n";                      //输出原始字符串
echo ltrim（$ str）. " \ n";              //去除字符串左边的空白字符
echo $ strs. " \ n";                     // 输出原始字符串
echo ltrim（$ strs, "（: * _ *"）;        //去除字符串左边的特殊字符（: * _ *
? >
```

查看源文件，看到的运行结果如图 4-4 所示。

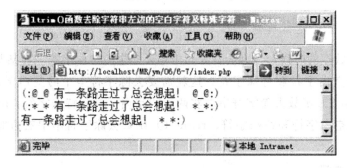

图 4-4　程序运行结果

2. rtrim（）函数

rtrim（）函数用于去除字符串右边的空白字符和特殊字符。语法如下：

string rtrim (string str [, string charlist]);

参数 str 是要操作的字符串对象，参数 charlist 为可选参数，指定需要从指定的字符串中删除哪些字符，如果不设置该参数，则所有的可选字符都将被删除。参数 charlist 的可选值如表 4.4 所示。

【例 4.8】使用 rtrim（）函数去除字符串右边的空白字符及特殊字符"（: * _ *"，代码如下：

```php
<? php
$ str = "（:_@ _ @有一条路走过了总会想起！   @ - @:）";
$ strs = "（: * _ *有一条路走过了总会想起！   * _ *:）";
echo $ str. " \ n";                      //输出原始字符串
echo rtrim（$ str）. " \ n";              //去除字符串右边的空白字符
echo $ strs " \ n";                      //输出原始字符串
echo rtrim（$ strs, " * _ *:）;          //去除字符串右边的特殊字符（: * _ *
? >
```

查看源文件，运行结果如图 4-5 所示。

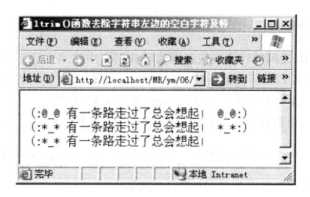

图 4-5 程序运行结果

3. trim（）函数

trim（）函数用于去除字符串开始位置和结束位置的空白字符，并返回去掉空白字符后的字符串。语法如下：

string trim（string str [, string charlist]）;

参数 str 是要操作的字符串对象，参数 charlist 为可选参数，指定需要从指定的字符串中删除哪些字符，如果不设置该参数，则所有的可选字符都将被删除。参数 charlist 的可选值如表 4-4 所示。

【例 4.9】使用 trim（）函数去除字符串左右两边的空白字符及特殊字符"\ r \ r（:：）"，代码如下：

```php
<? php
$ str = "\ r \ r（: @ _ @去除字符串左右两边的空白和特殊字符
@ _ @:)";
echo $ str. "\ n";                    //输出原始字符串
echo trim（$ str）. "\ n";            //去除字符串左右两边的空白字符
echo trim（$ str,"\ r \ r（: @ _ @@ _ @:)"）;//去除字符串左右两边的空白和特殊
字符 \ r \ r（: @ _ @@ _ @:)
? >
```

查看源文件，运行结果如图 4-6 所示。

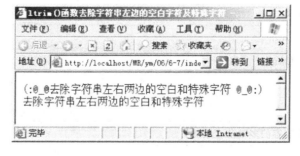

图 4-6 程序运行结果

4.2.7 字符串与 HTML 转换

字符串与 HTML 之间的转换直接将源代码在网页中输出，而不被执行。这个操作应用最多的地方就是在论坛或者博客的帖子输出中，通过转换直接将提交的源码输出，而确保源码不被解析。完成这个操作主要应用 htmlentities（）函数。

htmlentities（）函数将所有的字符都转成 HTML 字符串，语法如下：

string htmlentities（string string，[int quote_style]，[string charset]）

htmlentities（）函数的参数说明如表 4-5 所示。

表 4-5   htmlentities（）函数的参数说明

参数	说明
string	必要参数，指定要转换的字符串
quote_style	可选参数，选择如何处理字符串中的引号，有 3 个可选值：①ENT_COMPAT，转换双引号，忽略单引号，它是默认值；②ENT_NOQUOTES，忽略双引号和单引号；③ENT_QUOTES，转换双引号和单引号
charset	可选参数，确定转换所使用的字符集，默认字符集是"ISO−8859−l"，指定字符集后能够避免转换中文字符出现乱码的问题

htmlentities（）函数支持的字符集如表 4-6 所示。

表 4-6   htmlentities（）函数支持的字符集

字符集	说明
BIG5	繁体中文
BIG5−HKSCS	香港扩展的 BIG5，繁体中文
cp866	DOS 特有的两里尔（Cyrillic）字符集
cp1251	Windows 特有的西里尔字符集
cp1252	Windows 特有的西欧字符集
EUC−JP	日文
GB2312	简体中文
ISO−8859−1	西欧，Latin−1
ISO−8859−15	西欧，Latin−9
K018−R	俄语
Shifi−JIS	日文
UTF−8	ASCⅡ兼容的多字节 8 编码

【例4.10】使用htmlentities（）函数将论坛中的帖子进行输出，将转换后的代码和未转换的代码进行对比。代码如下：

```php
<? php
$ str =<  table  width = "300"  bordeF "1"  cellpadding = "1" cellspacing =
"1" bgcolor = "♯0198FF" >
<tr>
<tdalign = "center" height = "35" bgcolor = "♯FFFFFF" >明日科技——用今日的辛
勤工作，换明日百倍回报！</td>
</tr>
<tr>
<td align = "center" bgcolor = "♯FFFFFF" >  < img src = "images/beg. jpg" >
</td>
</tr>
</table>;
echo htmlentities ( $ str, ENT _ QUOTES, "uff - 8") . "<br>"; //设置转换的字符集
为 "uff - 8"
? >
```

运行结果如图4-7所示。

图4-7 程序运行结果

4.2.8　综合实例——控制页面中输出字符串的长度

在论坛或者电子商务等网站中，经常会输出一些公告信息、最新动态等内容，这些内容都是以标题的形式进行输出的，为标题设置超链接，链接到相关内容的详细信息页面。

在输出标题信息时，由于要考虑页面规范化、设计合理，所以要对输出的标题长度进行限制，如果标题的总长度超出指定范围，就需要使用省略号进行替换。

本实例应用 strlen（）函数获取字符串的长度，在输出字符串时进行判断。如果字符串超出指定的长度，则使用指定的字符进行替换，并在输出时间字符串时，应用 str _ replace0 函数将"_"替换为"/"。实例的运行结果如图 4-8 所示。

图 4-8　程序运行结果

具体实现步骤如下。

（1）创建 index. php 页面，首先通过 include once 语句调用数据库连接文件和字符串处理文件，然后执行查询语句，查询出数据表中的记录，最后输出最新动态的标题和发布时间，并判断如果标题的内容超过 24 个字节，则输出省略号，截取发布时间。其关键代码如下：

```php
<? php
include _ once（"conn/conn. php"）; //调用连接数据库的文件
include _ once（"function. php"）;
? >
```

```
<table width = "365" height = "22" border "0" align = "center" cellpadding = "0"
cellspacing = "0">
<? php
$ sql = mysql _ query ("select * from tb _ new _ dynamic order byiddese limit 0，6"，
$ id);
while ($ myrow = mysql _ fetch _ array ($ sql) {
? >
<tr>
<td width = "20"  height = "22">  <div  align = "center">  <imgsrc =
"images/01. jpg" />  </div>  </td>
<td width = "258" height = "22"> <a href = "new _ dynamic. php? id = <? php echo
$ myrow ["id"];? >">
<? php
echo unhtml (msubstr ($ my row ["dynamic _ title"]; 0，24));
if (strlen ($ myrow ["dynamic _ title"]) 24) {
echo "..."；
}
? >
</a> </td>
<td width = "87">
<? php
echo "<fontcolor red>  [". substr (str _ replace ("_"，"/"，$ myrow [create-
time]), 0，10) ."] </font>"；
? >
</td>
</tr>
<tr><td colspan = "3"></td></tr>
<? php}? >
</table>
```

(2) 创建 new _ dynamic. php 页面，根据超链接中传递的 ID 值，从数据表中查询出
指定的记录，并输出记录的详细内容。其关键代码如下：

```
<? php
include _ once ("conn/conn. php");        //调用连接数据库的文件
include _ once ("function php");
? >
<? php
$ sql = mysql _ query ("select * from tb _ new _ dynamic where id = "" . $ _ GET [id]
```

```
."", $ id);
    while ( $ myrow = mysql _ fetch _ array ( $ sql)) {
    ? >
    <td align = "left" valign = "top" class = "STYLEl" > < span class = "STYLEl" >
    <? php echo $ myrow [dynamic _ title];? > <br> <br>
    <? php echo $ myrow [dynamic _ content];? ></span> </td>
    <? php}? >
```

4.3 什么是正则表达式

正则表达式是一种描述字符串结构的语法规则，是一个特定的格式化模式，可以匹配、替换、截取匹配字串。对于用户来说，可能以前接触过 DOS，如果想匹配当前文件夹下所有的文本文件，可以输入 dir *.txt 命令，按下 Enter 键后所有 .txt 文件将会被列出来。这里的 *.txt 即可理解为一个简单的正则表达式。

在学习正则表达式之前，先来了解一下正则表达式中的几个容易混淆的术语，这对于学习正则表达式有很大的帮助。

（1）grep：最初是 ED 编辑器中的一条命令，用来显示文件中特定的内容，后来成为一个独立的工具。

（2）egrep：grep 虽然在不断更新升级，但仍然无法跟上技术的脚步。为此，贝尔实验室推出了 egrep，意为"扩展的 grep"，这大大增强了正则表达式的能力。

（3）POSIX（Portable Operating System Interface of Unix）：可移植操作系统接口。在 grep 快速发展的同时，其他一些开发人员也按照自己的喜好开发出了具有独特风格的版本。但问题也随之而来，有的程序支持某个元字符，而有的程序则不支持。因此就有了 POSIX，POSIX 是一系列标准，确保了操作系统之间的可移植性。但 POSIX 和 SQL 一样，没有成为最终的标准而只能作为一个参考。

（4）Perl（Practical Extraction and Reporting Language）：实际抽取与汇报语言。1987 年，Larry Wall 发布了 Perl。在随后的 7 年时间里，Perl 经历了从 Perl1 到现在的 Perl5 的发展，最终 Perl 成为 POSIX 之后的另一个标准。

（5）PCRE：Perl 的成功让其他开发人员在某种程度上要兼容 Perl，包括 C/C++、Java、Python 等都有自己的正则表达式。1997 年，Philip Hazel 开发了 PCRE 库，这是兼容 Perl 正则表达式的一套正则引擎，其他开发人员可以将 PCRE 整合到自己的语言中，为用户提供了丰富的正则功能。许多软件都使用 PCRE，PHP 正是其中之一。

4.4 正则表达式语法规则

一个完整的正则表达式由两部分构成，元字符和文本字符。元字符就是具有特殊含义的字符，如前面提到的"＊"和"?"。文本字符就是普通的文本，如字母和数字等。PCRE 风格的正则表达式一般都放置在定界符"/"中间。如"∧w＋（［－＋.′］\.w）＊@、w＋（［－.］\w＋）＊\.\w＋（［－.］\w＋）＊/""/∧http：VV（www\.)?.+.?$/"。为了便于理解，除了个别实例外，本节中的表达式不给出定界符"/"。

 ### 4.4.1 行定位符（∧和$）

行定位符就是用来描述字符串的边界。"∧"表示行的开始；"$"表示行的结尾。如：

∧tm

该表达式表示要匹配字符串 tm 的开始位置是行头，如 tm equal Tomorrow Moon 就可以匹配，而 Tomorrow Moon equal tm 则不匹配。但如果使用

tm$

则后者可以匹配而前者不能匹配。如果要匹配的字符串可以出现在字符串的任意部分，那么可以直接写成

tm

这样两个字符串就都可以匹配了。

4.4.2 单词分界符（\b、\B）

继续上面的实例，使用 tm 可以匹配在字符串中出现的任何位置。那么类似 html、utmost 中的 tm 也会被查找出来。但现在需要匹配的是单词 tm，而不是单词的一部分。这时可以使用单词分界符"\b"，表示要查找的字串为一个完整的单词。如：

\btm\b

还有一个大写的"\B"，意思和"\b"相反，它匹配的字串不能是一个完整的单词，而是其他单词或字符串的一部分。如：

Btm\B

4.4.3　字符类（[]）

正则表达式是区分大小写的，如果要忽略大小写可使用方括号表达式"[]"。只要匹配的字符出现在方括号内，即可表示匹配成功。但要注意：一个方括号只能匹配一个字符。例如，要匹配的字符串 tm 不区分大小写，那么该表达式应该写作如下格式：

[Tt][Mm]

这样，即可匹配字串 tm 的所有写法。POSIX 和 PCRE 都使用了一些预定义字符类，但表示方法略有不同。POSIX 风格的预定义字符类如表 4-7 所示。

表 4-7　POSIX 预定义字符类

预定义字符类	说明
[：digit：]	十进制数字集合，等同于 [0−9]
[[：alnum：]	字母和数字的集合，等同于 [a−zA−20−9]
[[：alpha：]]	字母集合，等同于 [a−zA−Z]
[[：blank：]]	空格和制表符
[[：xdigit：]]	十六进制数字
[[：punct：]]	特殊字符集合。包括键盘上的所有特殊字符，如"!""@""#""$""?"等
[[：print：]]	所有可打印的字符（包括空白字符）
[[：space：]]	空白字符（空格、换行符、换页符、回车符、水平制表符）
[[：graph：]]	所有可打印的字符（不包括空白字符）
[[：upper：]]	所有大写字母，等同于 [A−Z]
[[：lower：]]	所有小写字母，等同于 [a−z]
[[：cntrl：]]	控制字符

 ### 4.4.4　选择字符（|）

还有一种方法可以实现上面的匹配模式，就是使用选择字符（|）。该字符可以理解为"或"，如上例也可以写成

(T|t)(M|m)

该表达式的意思是以字母 T 或 t 开头，后面接一个字母 M 或 m。

 ### 4.4.5　连字符（-）

变量的命名规则是只能以字母和下划线开头。但这样一来，如果要使用正则表达式来匹配变量名的第一个字母，则要写为

[a、b、c、d···A、B、C、D···]

这无疑是非常麻烦的，正则表达式提供了连字符"-"来解决这个问题。连字符可以表示字符的范围。如上例可以写成

[a-zA-Z]

 ## 4.4.6 排除字符（[∧]）

上面的例子是匹配符合命名规则的变量。现在反过来，匹配不符合命名规则的变量。正则表达式提供了"∧"字符，这个元字符在4.4.1中出现过，表示行的开始。而这里将会放到方括号中，表示排除的意思。例如：

[∧a-zA-Z]

该表达式匹配的就是不以字母和下划线开头的变量名。

 ## 4.4.7 限定符（? * + {n, m}）

经常使用 Google 的用户可能会发现，在搜索结果页的下方，Google 中间字母 o 的个数会随着搜索页的改变而改变。那么要匹配该字串的正则表达式该如何实现呢？

对于这类重复出现字母或字串，可以使用限定符来实现匹配。限定符主要有 6 种，如表 4-8 所示。

表 4-8　限定符的说明和举例

限定符	说明	举例
?	匹配前面的字符零次或一次	colou? r，该表达式可以匹配 colour 和 color
+	匹配前面的字符一次或多次	go＋gle，该表达式可以匹配的范围从 gogle 到 goo－gle
*	匹配前面的字符零次或多次	go＊gle，该表达式可以匹配的范围从 ggle 到 goo－gle
{n}	匹配前面的字符 n 次	go {2} gle，该表达式只匹配 google
{n,}	匹配前面的字符最少 n 次	go {2,} gle，该表达式可以匹配的范围从 google 到 goo－gle
{n, m}	匹配前面的字符最少 n 次，最多 m 次	employe {0, 2}，该表达式可以匹配 employ、employe 和 employee3 种情况

可以发现，在表 6.2 中实际已经对字符串进行了匹配，只是还不完善。通过观察发现，当 Google 搜索结果只有一页时，不显示 Google 标志，只有大于等于 2 时，才显示 Google 标志。说明字母 o 最少为两个，最多为 20 个，那么正则表达式为：

go {2, 20} gle

4.4.8 点号字符（.）

如遇到这样的试题：写出 5～10 个以 s 开头、t 结尾的单词，是有很大难度的。如果考题并不告知第一个字母，而是中间任意一个。无疑难度会更大。

在正则表达式中可以通过点号字符（.）来实现这样的匹配。点号字符（.）可以匹配出换行符外的任意一个字符。注意：是除了换行符外的、任意的一个字符。如匹配以 s 开头、t 结尾、中间包含一个字母的单词。格式如下：

\s.t$

匹配的单词包括 sat、set、sit 等。再举一个实例，匹配一个单词，它的第一个字母为 r，第 3 个字母为 s，最后一个字母为 t。能匹配该单词的正则表达式为：

\r.s.*t$

 4.4.9 转义字符（\）

正则表达式中的转义字符（\）和 PHP 中的大同小异，都是将特殊字符（如"." "?" "\"等）变为普通的字符。举一个 IP 地址的实例，用正则表达式匹配诸如 127.0.0.1 这样格式的 IP 地址。如果直接使用点号字符，格式为：

[0-9]{1,3}(\ [0-9]{1,3}){3}

这显然不对，因为"."可以匹配任意一个字符。这时，不仅是 127.0.0.1 这样的 IP，连 127101011 这样的字符串也会被匹配出来。所以在使用"."时，需要使用转义字符（\）。修改后上面的正则表达式格式为：

[0-9]{1,3}(\.[0-9]{1,3}){3}

 4.4.10 反斜线（\）

除了可以做转义字符外，反斜线还有其他一些功能。

反斜线可以将一些不可打印的字符显示出来，如表 4-9 所示。

表 4-9   反斜线表达的不可打印字符

字符	说明
\a	警报，即 ASCⅡ 中的＜BEL＞字符（0x07）
\b	退格，即 ASCⅡ 中的＜BS＞字符（0x08）。注意，在 PHP 中只有在方括号（[]）中使用才表示退格
\e	Escape，即 ASCⅡ 中的＜ESC＞字符（0xIB）
\f	换页符，即 ASCⅡ 中的＜FF＞字符（0x0C）

续表

字符	说明
\ n	换行符，即 ASCⅡ中的<LF>字符（0xOA）
\ r	回车符，即 ASCⅡ中的<CR>字符（0xOD）
\ t	水平制表符，即 ASCⅡ中的<HT>字符（0x09）
\ xhh	十六进制代码
\ ddd	八进制代码
\ cx	即 rnntrnl－x 的缩写，匹配由 x 指明的控制字符，其中 x 是任意字符

还可以指定预定义字符集，如表 4-10 所示。

表 4-10　反斜线指定的预定义字符集

预定义字符集	说明
\ d	任意一个十进制数字，相当于 [0－9]
\ D	任意一个非十进制数字
\ s	任意一个空白字符（空格、换行符、换页符、回车符、水平制表符），相当于 [\ f \ n \ r \ t]
\ S	任意一个非空白字符
\ w	任意一个单词字符，相当于 [a－zA－20－9 _]
\ W	任意一个非单词字符

反斜线还有一种功能，就是定义断言，其中已经了解过了"\ b""\ B"，其他如表 4-11 所示。

表 4-11　反斜线定义断言的限定符

限定符	说明
\ b	单词分界符，用来匹配字符串中的某些位置，"\ b"是以统一的分界符来匹配
\ B	非单词分界符序列
\ A	总是能够匹配待搜索文本的起始位置
\ Z	表示在未指定任何模式下匹配的字符，通常位于字符串的末尾位置，或者是在字符串末尾的换行符之前的位置
\ z	只匹配字符串的末尾，而不考虑任何换行符
\ G	当前匹配的起始位置

4.4.11 括号字符 (())

小括号字符的第一个作用就是可以改变限定符的作用范围，如"l""♯""∧"等，来看下面的一个表达式。

(thir | four) th

这个表达式的意思是匹配单词 thirth 或 fourth，如果不使用小括号，那么就变成了匹配单词 thir 和 fourth 了。

小括号的第二个作用是分组，也就是子表达式。如"(\. [0—9] {1，3}) {3}"，就是对分组"(\ [0—9] {1，3})"进行重复操作。后面要学到的反向引用和分组有着直接的关系。

 ### 4.4.12 反向引用

反向引用，就是依靠子表达式的"记忆"功能来匹配连续出现的字串或字母。如匹配连续两个 it，首先将单词 it 作为分组，然后在后面加上"\1"即可。格式为：

(it) \1

这就是反向引用最简单的格式。如果要匹配的字串不固定，那么就将括号内的字串写成一个正则表达式。如果使用了多个分组，那么可以用"\1""\2"来表示每个分组（顺序是从左到右）。如：

([a—z]) ([A—Z]) \1\2

除了可以使用数字来表示分组外，还可以自己来指定分组名称。语法格式如下：

(? P<subname>...

如果想要反向引用该分组，可使用如下语法：

(? P = subname)

下面来重写一下表达式 ([a—z]) ([A—Z]) \1\2。为这两个分组分别命名，并反向引用它们。正则表达式如下：

(? P<fir> [a—z]) (? P<sec> [A—Z]) (? P = fir) (? P = sec)

反向引用的知识还可以参考4.5.4节。

4.5 应用正则表达式对用户注册信息进行检验

【例4.11】应用正则表达式对用户注册信息的合理性进行判断，对用户输入的邮编、电话号码、邮箱地址和网址的格式进行判断。本例中应用正则表达式和 JavaScript 脚本，判断用户输入信息的格式是否正确。实例代码如下：

首先，在 index.php 页面中通过 Script 脚本调用 js 脚本文件 check.js，创建 form 表单，实现会员注册信息的提交，并应用 onSubmit 事件调用 chkreg（）方法对表单元素中的数据进行验证，将数据提交到 index_ok.php 文件中。index.php 的关键代码如下：

```
<script src = "js/check.js"></script>
<form name = "reg_check" method = "post" action = "index_ok.php" onSubmit =
"return chkreg (reg_check, all)">
<table width = "550" height = "270" border = "0" align = "center" celipadding =
"0" celispacing-."o">
    <tr>
        <td height = "30"><div align = "right">邮政编码：</div></td>
        <td height = "30" colspane = "2" align = "left"> 
            <input type = "text" name = "postalcode" size = "20" onBlur = "ch-
kreg (reg_check, 2)">
            <div id = "check_postalcode" style = "color：#F1B000"></div>
        </td>
    </tr>
    </tr>
        <td height = "30"><div align = "right">E-mail：</div></td>
        <td height = "30" colspan = "2" align = "left"> 
        <input type = "text" name = "email" size = "20" onBlur = "chkreg (reg_
check, 4)">
            <font color = "#999999">请务必正确填写您的邮箱<font>
            <div id = "check_email" style = "color：#FIB000"></div>
        <td>
    </tr>
    <tr>
        <td height = "30" align = "right">固定电话：</td>
        <td height = "30" colspan = "2" align = "left"> 
            <input type = "text" name = "gtel" size = "20"  onBlur = "chkreg (reg
```

```
_ chetk, 6)" >
                <font color = "#999999" ><div id = "check _ gtel" style = "color：
#F1B000" ></div></font></td>
    </tr>
    </tr>
    <td height = "30" ><div align = "right" >移动电话：</div></td>
    <td height = "30" colspan = "2" align = "left" > 
        <input type = "text" name = "mtel" size = "20" onBlur = "chkreg (reg _
check, 5)" >
        <div id = "check _ mtel" style = "color：#F1B000" ></div></td>
    </tr>
    <tr>
        <td width = "100" height = "30" ><input type = "image" scr = "images/bg
_ 09. jpg" ></td>
        <td width = "340" ><img src = "images/bg _ 11. jpg" width = "56" height =
"30" onClick = "reg _ check. reset ()" style = "cursor：hand" /></td>
    </tr>
    </table>
    </form>
```

在 check. js 脚本文件中，创建自定义方法，应用正则表达对会员注册的电话号码和邮箱进行验证。其关键代码如下：

```
function checkregte (regtel) {
    var str = regtel：
var Expression = / ∧13 (\d {9}) $ | ∧15 (\d {9}) $/;      //验证手机号码
var objExp = new RegExp (Expression);
if (objExp. test (str) = = true) {
        return true；
} else {
        return false
    }
}
function checkregtels (regtels) {
    var str = regtels;
    var Expresssion = / ∧ (\d {3} -) (\d {8}) $ \ ∧ (\d {4} -) (\d {7}) $
| ∧ (\d {4} -) (\d {8}) $/;                    // 验证座机号码
    var objExp = new RegExp (Expression);
    if (objExp. test (str) = = true) {
```

```
        return true;
    } else {
        return false;
    }
}

function checkregemail (emails) {
    var str = emails;
    var Expression = /∧\w+ （[-+.] \w+) *@ \w+ （[-.] \w+) * \. \w+         //验证邮箱地址
（[-.] \w+) */;
    if (objExp = new RegExp (Expression));
    if (objExp. test (str) = = true) {
        return   true;
    } else {
        return   false;
    }
}
```

运行结果如图 4-9 所示。

图 4-9　程序运行结果

 ## 4.6　正则表达式在 PHP 中的应用

PHP 中提供了两套支持正则表达式的函数库，PCRE 函数库和 POSIX 函数库。PCRE 函数库在执行效率上要略优于 POSIX 函数库，所以这里只讲解 PCRE 函数库中的函数。PCRE 函数库中常用函数如表 4-12 所示。

表 4-12   PCRE 函数库中常用函数

函数	说明
preg _ filter	执行一个正则表达式的搜索和替换
preg _ grep	返回匹配模式的数组条目
preg _ last _ error	返回最后一个 PCRE 正则表达式执行产生的错误代码
preg _ match all	执行一个全局正则表达式匹配
preg _ match	执行匹配正则表达式
preg _ quote	转义正则表达式字符
preg _ replace _ callback	执行一个正则表达式搜索并且使用一个回调进行替换
preg _ replace	执行一个正则表达式的搜索和替换
preg _ split	通过一个正则表达式分割字符串

下面讲解如何使用 PHP 中最常用的 preg _ match0 函数。

preg _ match（）函数用于执行匹配正则表达式，函数语法如下：

int preg _ match（string $ pattern，string $ subject [，array & $ matches]）

其中 pattern：要搜索的模式，字符串类型。

subject：输入字符串。

matches：可选参数，如果提供了参数 matches，它将被填充为搜索结果。$ matches [0] 将包含完整模式匹配到的文本，$ matches [1] 将包含第一个捕获子组匹配到的文本，依此类推。

返回值：返回 patten 的匹配次数。它的值将是 0 次（不匹配）或 1 次，因为 preg _ match（）函数在第一次匹配后将会停止搜索。如果发生错误则返回 false。

【例 4.12】使用 preg _ match（）函数检测手机号码格式。

在明日学院注册页面中，需要对用户输入的手机号码格式进行检测，以避免用户手误导致注册失败。使用 preg _ match（）函数实现该功能，具体代码如下：

```php
<? php
    $ mobilel = '12888888888';                          //手机号码 1
    $ mobile2 = '13578982158';                          //手机号码 2
    / * *定义检测手机号码格式的函数 * */
    function checkMobile（$ mobile）{
        if（preg _ match（/1 [34578] \ d {9} $ /，$ mobile））    //判断格式是否
正确
            echo $ mobile．"手机号格式正确"；                //输出正确的信息
        } else {
echo $ mobile．"手机号格式错误"；                //输出错误信息
```

```
    }
    }
checkmobile（＄mobile1）；    //调用检测方法
echo "br"；
checkmobile（＄mobile2）；    //调用检测方法
? ＞
```

运行结果如图 4-10 所示。

图 4-10 程序运行结果

 ## 4.7 难点解答

 ### 4.7.1 慎用 strlen（）函数处理中文字符

在使用 strlen（）函数计算时，对待一个 UTF－8 的中文字符是 3 个长度，所以"中文 a 字 1 符"长度是 3 ＊ 4＋2＝14，在使用 mb＿strlen（）函数计算时，选定内码为 UTF－8，则会将一个中文字符当作长度 1 来计算，所以"中文 a 字 1 符"长度是 6。

 ### 4.7.2 strstr（）函数和 strpos（）函数的区别

两个函数都用于查找字符串首次出现的位置，并且都区分大小写。不同的是，strstr（）函数返回的是一个字符串，即从首次出现的位置到输入的字符串结束；而 strpos（）函数返回的是一个数字，即字符串首次出现的数字位置，注意从 0 开始计数。

 ## 4.8 小结

本章对常用的字符串操作技术进行了详细的讲解，其中去除字符串首尾空格、获取字符串的长度、截取字符串和字符串的查找与替换等都是需要重点掌握的技术。此外，还介绍了正则表达式的基础知识。这些内容也是作为一个 PHP 程序员必须熟悉和掌握的知识。

相信通过本章的学习，读者能够举一反三，对所学知识灵活运用，从而开发实用的 PHP 程序。

 ## 4.9　实践与练习

1. 应用正则表达式实现 UBB 使用帮助。

2. 应用正则表达式匹配 Email 地址标签。

3. 应用正则表达式匹配 html 标签。

4. 尝试开发一个页面，去除字符串"&.& 明日编程词典 &.&"首尾空格和特殊字符"&.&."。

5. 尝试开发一个页面，验证用户输入的身份证号长度是否正确。

6. 尝试开发一个页面，对检索到的用户输入的查询关键字进行加粗描红。

6. 尝试开发一个页面，使用 explode（）函数对全国各省会名称以逗号进行分割。

第5章

PHP数组

5.1 什么是数组

数组（Array）是用来存储一系列数值的地方，是非常重要的数据类型。相对于其他的数据类型，它更像是一种结构，而这种结构可以存储一系列数值。

数组中的数值被称为数组元素（Element）。每一个元素都有一个对应的标识（Index），也称作键值（key）。通过这个标识，可以访问数组元素。数组的标识可以是数字也可以是字符串。

例如，一个班级通常有十几个人，如果要找出某个学生，可以利用学号来区分，这时，班级就是一个数组，而学号就是下标，如果指明学号，就可以找到对应的学生。

5.2 创建数组

在 PHP 中创建数组的方式主要有两种：一种是应用 array（）函数创建数组，另一种是直接通过为数组元素赋值的方式创建数组。

5.2.1 使用 array（）函数创建数组

可以用 array（）语言结构来新建一个数组，该数组接受任意数量用逗号分隔的键（key）=＞值（value）对，格式如下：

```
array（ key = >  value,
...
    )
```

键（Key）可以是一个整数 integer 或字符串 string，如果省略了索引，则会自动产生从 0 开始的整数索引。如果索引是整数，则下一个产生的索引将是目前最大的整数索引＋1。如果定义了两个完全一样的索引，则后面一个会覆盖前一个。值（value）可以是任意类型的值，如果是数组类型时，就是二维数组。

应用 array0 函数声明数组时，数组下标既可以是数值索引也可以是关联索引。下标与数组元素值之间用"＝＞"进行连接，不同数组元素之间用逗号进行分隔。

应用 array（）函数定义数组比较灵活，可以在函数体中只给出数组元素值，而不必给出键值。例如：

```
<? php
$ array = array（"asp"，"php"，"jsp"）；    //定义数组
echo "<pre>"；
print _ r（$ array）；                              //输出数组元素
? >
结果为：
Array
(
    [0] = >asp
    [1] = >php
    [2] = >j 5p
)
```

注意：自 PHP 5.4 起可以使用短数组定义语法，用［］替代 array（），如 $ array＝［"asp"，"php"，"jsp"］；。

PHP 提供了创建数组的 array（）语言结构。在使用其中的数据时，可以直接利用它们在数组中的排列顺序取值，这个顺序称为数组的下标。例如：

```
<? php
    $ array = array（"asp"，"php"，"jsp"）；    //定义数组
echo $ array ［1］；                              //输出数组元素
? >
运行结果为：
php
```

注意：使用这种方法定义数组时，下标默认从 0 开始，而不是 1，然后依次增加 1，所以下标为 2 的元素是指数组的第 3 个元素。

下面将通过 array（）函数创建数组，代码如下：

```
<? php
        $ array = array（"I" = > "编"，"2" = > "程"，"3" = > "词"，"4" = >
"典"）；            //声明数组
```

```
    print_r ($array);              //输出数组元素
    echo "<br>";
    echo $array [1];               //输出数组元素的值
    echo $array [2];               //输出数组元素的值
    echo $array [3];               //输出数组元素的值
    echo $array [4];               //输出数组元素的值
?>
```

运行结果为：

Array（[1] =>编 [2] =>程 [3] =>词 [4] =>典）

编程词典

 ### 5.2.2 通过赋值方式创建数组

PHP中另一种比较灵活的数组创建方式是直接为数组元素赋值。如果在创建数组时不确定所创建数组的大小，或在实际编写程序时数组的大小可能会发生改变，采用这种方法创建数组比较好。

下面通过具体的例子对该种数组声明方式进行讲解，代码如下：

```
<? php
    $array [1] = "编";
    $array [2] = "程";
    $array [3] = "词";
    $array [4] = "典";
    print_r ($array);              //输出所创建数组的结构
?>
```

运行结果为：

Array（[1] =>编 [2] =>程 [3] =>词 [4] =>典）

5.3 数组的类型

PHP中将数组分为一维数组、二维数组和多维数组，但是无论是一维还是多维，可以统一将数组分为两种：数字索引数组（Indexedarray）和关联数组（Associative Array）。数字索引数组使用数字作为键名，关联数组使用字符串作为键名（图5-1）。

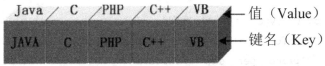

图 5-1 关联数组

5.3.1　数字索引数组

数字索引数组的下标（键名）由数字组成，默认从 0 开始，每个数字对应数组元素在数组中的位置，不需要特别指定，PHP 会自动为数字索引数组的键名赋一个整数值，然后从这个值开始自动增量。当然，也可以指定从某个具体位置开始保存数据。

数组中的每个实体都包含两项：键名和值。可以通过键名来获取相应数组元素（值），如果键名是数值那么就是数字索引数组，如果键名是数值与字符串的混合，那么就是关联数组。

下面创建一个数字索引数组，代码如下：

$ arr _ int = array（"PHP 入门与实战"，"c♯入门与实战"，"VB 入门与实战"）；
　　//声明数字索引数组

5.3.2　关联数组

关联数组的下标（键名）由数值和字符串混合的形式组成。如果一个数组中有一个键名不是数字，那么这个数组就叫做关联数组。

关联数组使用字符串键名来访问存储在数组中的值。

下面创建一个关联索引数组，代码如下：

$ arr _ string＝array（"PHP" =＞ "PHP 入门与实战"，"JAVA" =＞ "JAVA 入门与实战"，"C♯" ＞ "C♯入门与实战"）；　　　//声明关联数组

关联数组的键名可以是任何一个整数或字符串。如果键名是一个字符串，则要给这个键名或索引加上一个定界修饰符——单引号（'）或双引号（"）。对于数字索引数组，为了避免不必要的麻烦，最好也加上定界符。

5.4　多维数组

数组也是可以"嵌套"的，即每个数组元素也可以是一个数组，这种含有数组的数组就是多维数组，例如：

```php
<? php
$ roomtypes = array (array ('type' =＞ '单床房',
        'info' =＞ '房间为单人单间.',
            'price _ per _ day' =＞298
    ),
        array ('type' =＞ '标准间',
            'info' =＞ '此房间为两床标准配置.'
            'price _ per _ day' =＞268
    ),
```

```
        array（'typek'＞'三床房',
         'info'＝＞'此房间备有三张床',
           'price_per_day'＝＞198
    ),
        array（'type'＝＞'VIP套房',
         'info'＝＞'此房间为VIP两间内外套房',
           'price_per_day'＝＞368
    )
    );
    ?＞
```

其中$roomtypes就是多维数组。这个多维数组包含两个维数，有点像数据库中的表格，第一个array里面的每个数组元素都是一个数组，而这些数组就像数据二维表中的一行记录。这些包含在第一个array里面的array又都包含3个数组元素，分别是3个类型的信息，这就像数据二维表中的字段。

可将上面的数组绘制成图，如图5-2所示。

	A	B	C	D
1	type	info	price_per_day	
2	单床房	此房间为单人单间	298	array
3	标准间	此房间为两床标准配置	268	
4	三床房	此房间备有三张床	198	array
5	VIP套房	此房间为VIP两间内外套房	368	array
6	ARRAY			

图5-2　程序运行结果

其实，$roomtypes就代表了这样一个数据表。

如果出现了两维以上的数组，比如三维数组，例如：

```
＜? php
$buidling＝array（array（array（'type'＝＞'单床房',
            'info'＝＞'此房间为单人单间',
             'price_per_day'＝＞298
),
array（'type'＝＞'标准间',
'info'＝＞'此房间为两床标准配置',
            'price_per_day'＝＞268
             ),
array（'type'＝＞'三床房',
            'info'＝＞'此房间备有三张床',
              'price_per_day'＝＞198
             ),
```

```
       array（'type' => 'VIP 套房',
                  'info' => '此房间为 VIP 两间内外套房',
                     'price_per_day' => 368
                )
       ),
       array（array（'type' => '普通餐厅包房',
                  'info' => '此房间为普通餐厅包房',
                     'roomid' => 201
                ),
       array（'type' => '多人餐厅包房',
                  'info' => '此房间为多人餐厅包房',
                     'roomid' => 206
                ),
                  array（'type' => '豪华餐厅包房',
                     'info' => '此房间为豪华餐厅包房',
                        'roomid' => 208
                   ),
                array（'type' => 'VIP 餐厅包房',
                   'info' => '此房间为 VIP 餐厅包房',
                      'roomid' => 310
                 )
             )
       );
       ? >
```

这个三维数组在原来的二维数组后面又增加了一个二维数组，给出了餐厅包房的数据二维表信息。把这两个二维数组作为更外围数组的两个数组元素就产生了第三维。这个表述等于用两个二维信息表表示一个名为 $building 的数组对象，程序运行结果如图 5-3 所示。

	A	B	C	D	E
1	type	info	price_per_day		
2	单床房	此房间为单人单间	298	array	
3	标准间	此房间为两床标准配置	268	array	
4	三床房	此房间备有三张床	198	array	
5	VIP套房	此房间为VIP两间内外套房	368	array	
6	ARRAY（二维）				
7	type	info	roomid		
8	普通餐厅包房	此房间为普通餐厅包房	201	array	
9	多人餐厅包房	此房间为多人餐厅包房	206	array	
10	豪华餐厅包房	此房间为豪华餐厅包房	208	array	
11	VIP餐厅包房	此房间为VIP餐厅包房	301	array	ARRAY（三维）
12	ARRAY（二维）				

图 5-3　程序运行结果

5.5 遍历数组

所谓数组的遍历是要把数组中的变量值读取出来。下面讲述遍历数组的常见方法。

 ### 5.5.1 遍历一维数字索引数组

下面讲解如何通过循环语句遍历一维数字索引数组。此案例中用到了 for 循环和 foreach 循环。

【例5.1】用循环语句遍历一维数字索引数组。

```php
<? php
    $ roomtypes = array ('单床房','标准间','三床房','VIP套房');
    for ($ i = 0; $ i<3; $ i + +) {
    echo $ roomtypes [$ i] . "（for 循环）<br/>";
    )
foreach ($ roomtypes as $ room) {
    echo $ room. "（foreach 循环）<br/>";
)
? >
```

程序运行结果如图 5-4 所示。

图 5-4　程序运行结果

 ### 5.5.2 遍历一维联合索引数组

【例5.2】以遍历酒店房间类型为例对联合索引数组进行遍历。

```php
<? php
$ prices _ per _ day = array ('单床房' = >298,'标准间' = > 268,'三床房' = >
198,'VIP套房' = >368);
```

```
foreach ( $ prices _ per _ day as $ price) {
echo $ price. "<br/>";
}
foreach ( $ prices _ per _ day as $ key = > $ value) {
    echo $ key. ":" . $ value. "每天。<br/>";
}
reset ( $ prices _ per _ day);
while ( $ element = each ( $ prices _ per _ day)) {
    echo $ element [ 'key'] . " \ t";
    echo $ element [ 'value'] ;
    echo "<br/>";
}
reset ( $ prices _ per _ day);
while (list ( $ type, $ price) = each ( $ prices _ per _ day)) {
echo " $ type - $ price<br/> ";
}
? >
```

程序运行结果如图 5-5 所示。

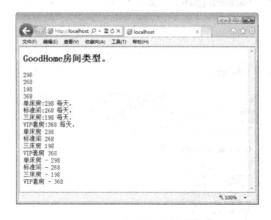

图 5-5　程序运行结果

【案例分析】

(1) 其中，foreach ($ prices _ per _ day as $ price) () 遍历数组元素，所以输出 4 个整型数字。而 foreach ($ prices _ per _ day as $ key=> $ value) {} 则除了遍历数组元素，还遍历其所对应的关键字，如"单床房"是数组元素 298 的关键字。

(2) 这段程序中使用了 while 循环，还用到了几个新的函数，即 reset ()、each () 和 list ()。由于在前面的代码中，$ prices _ per _ day 已经被 foreach 循环遍历过，而内存中的实时元素为数组的最后一个元素。因此，如果想用 while 循环来遍历数组，就必须用 reset () 函数把实时元素重新定义为数组的开头元素。each () 则是用来遍历数组元素及其关键字的函数。list () 则是把 each () 中的值分开赋值和输出的函数。

5.5.3 遍历多维数组

下面以使用多维数组编写房间类型为例进行遍历，具体操作步骤如下。

【例5.3】以使用多维数组编写房间类型为例进行遍历。

```php
<? php
    $ roomtypes = array (array ('type' => '单床房',
                'info' => '此房间为单人单间。',
            'price _ per _ day' =>298
                ),
        array ('type' => '标准间',
            'info' => '此房间为两床标准配置。',
            'price _ per _ day' =>268
                ),
        array ('type' => '三床房',
            'info' => '此房间备有三张床',
            'price _ per _ day' =>198
                ),
        array ('type' => 'VIP 套房',
                'info' => '此房间为 VIP 两间内外套房',
            'price _ per _ day' =>368
                ),
);
for ( $ row = 0; $ row<4; $ row + + ) {
  while list ( $ key, $ value) = each ( $ roomtypes [ $ row])) {
    echo " $ key: $ value". " \ t | ";
}
echo '<br/>';
}
? >
```

程序运行结果如图 5-6 所示。

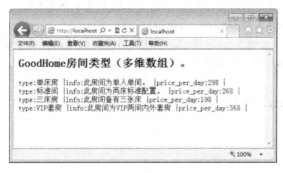

图 5-6 程序运行结果

【案例分析】

（1）$roomtypes 中的每个数组元素都是一个数组，而作为数组元素的数组又都有三个拥有键名的数组元素。

（2）使用 for 循环配合 each（）、list（）函数来遍历数组元素，便可得到如图 5.6 所示的输出。

 ## 5.6 统计数组元素个数

在 PHP 中，使用 count（）函数对数组中的元素个数进行统计。语法格式如下：

int count（mixed $array [，int $mode]）

语句中主要参数含义如下：

（1）array：必要参数，为输入的数组。

（2）mode：可选参数，参数值为 COUNT RECURSIVE（或 1），如选中此参数，本函数将递归地对数组计数。对计算多维数组的所有单元尤其有用。此参数的默认值为 0。

（3）返回值：返回 array 中的单元数量。

使用 count（）函数统计数组元素的个数的代码如下：

```php
<? php
$array = array（"《PHP 函数参考大全》"，"《PHP 程序开发范例宝典》"，
"《PHP 网络编程自学手册》"，"《PHP5 从入门到精通》"）；
echo count（$array）；                      //统计数组元素的个数、输出结果为 4
? >
```

运行结果如下：

4

使用 count（）函数递归地统计数组中图书数量并输出的代码如下：

```php
<? php
//声明一个二维数组
$array = array（"php" = >array（"《PHP 函数参考大全》"，
"《PHP 程序开发范例宝典》"，
                        "《PHP 数据库系统开发完全手册》"），
        "asp" = >array（"《ASP 经验技巧宝典》"）
）；
echo count（$array，COUNT—RECURSIVE）；        //递弱统计数组元素的个数、2 + 4 = 6
? >
```

运行结果为：

6

在统计二维数组时，如果直接使用 count（）函数只会显示到一维数组的个数，所以将参数设为 COUNT RECURSIVE（或1），对计算多维数组的所有单元尤其有用。

 ## 5.7 查询数组中指定元素

array_search（）函数可以在数组中查询给定的值，找到后返回键名，否则返回false。语法格式如下：

mixed array_search（mixed $ needle, array $ haystack [, bool $ strict]）

语句中主要参数含义如下：

（1）needle：指定在数组中搜索的值。

（2）haystack：指定被搜索的数组。

（3）strict：为可选参数，默认值为 false。如果值为 true，还将在数组中检查给定值的类型。

（4）返回值：如果找到了 needle 则返回它的键，否则返回 false。

【例5.4】查询数组中指定的元素的值。明日学院图书销量排行榜中，排名前四位的PHP 书籍分别是《零基础学 PHP》《PHP 项目开发实战入门》《PHP 从入门到精通》《PHP 开发实战》，其对应的价格依次是 69.80 元、69.80 元、62.90 元、55.90 元。使用array_search（）函数查询图书《PHP 从入门到精通》的价格。

程序代码如下：

```php
<? PHP
$ book_name = '《PHP 从入门到精通》';
$ books = [ '《零基础学 PHP》', '《PHP 项目开发实战入门》', '《PHP 从入门到精通》', '《PHP 开发实战》'];
$ price = [69.80, 69.80, 62.90, 55.90];
$ key = array_search（$ book_name, $ books);
if（$ key) {
echo $ book_name. "价格：¥". $ price [$ key];
) else {
echo $ book_name. "价格："."." 未知";
    }
? >
```

上述代码中，使用 array_search（）函数查询 $ book name 变量在 $ book 数组中的下标，根据该下标获取 $ price 价格数组中对应的值。程序运行结果如图 5-7 所示。

图 5-7　程序运行结果

 5.8　获取数组中的最后一个元素

在 PHP 中，可以通过函数 array_pop（）获取数组中的最后一个元素。语法格式如下：

mixed array_pop（array $array）

语句中主要参数含义如下：

（1）array：必要参数，为输入的数组。

（2）返回值：返回数组的最后一个单元，并将原数组的长度减1，如果数组为空（或者不是数组）将返回 null。

例如，应用 array_pop（）函数获取数组中的最后一个元素，代码如下：

```php
<? php
$arr = array（"ASP", "Java", "JavaWeb", "PHP", "VB"）;       //定义数组
$array = array_pop（$arr）;                                 //获取数组中最后一个元素
echo "被弹出的单元是：$array<br/>";                          //输出最后一个元素值
print_r（$arr）;                                            //数组数据结构
? >
```

程序运行结果为：

被弹出的单元是：VB

Array（[0] =>ASP [1] =>Java [2] =>Java Web [3] =>PHP）

 5.9　向数组中添加元素

可以通过 array_push（）函数向数组中添加元素。array_push（）函数将数组当成一个栈，将传入的变量压入该数组的末尾，该数组的长度将增加入栈变量的数目，返回数组新的元素总数。语法格式如下：

```
int array_push ( array $ array, mixed $ var [, mixed ...])
```

语句中主要参数含义如下：

（1）array：必要参数，为指定的数组。

（2）var：压入数组中的值。

（3）返回值：数组新的单元总数。

例如，应用 array_push () 函数向数组中添加元素，代码如下：

```
<? php
$ array_push = array ("《PHP 从入门到精通》","《PHP 范例手册》");
     //定义数组
  array_push ($ array_push, "《PHP 开发典型模块大全》","《PHP 网络编程自学手
册》");          //添加元素
  print_r ($ array_push);           //输出数组结构
? >
```

运行结果如下：

Array （[0] = >《PHP 从入门到精通》　 [1] = >《PHP 范例手册》　 [2] = >《PHP 开发典型模块大全》　 [3] = >《PHP 网络编程自学手册》）

 ## 5.10　删除数组中重复的元素

通过 array_unique () 函数可以删除数组中重复的元素。array_unique () 函数将值作为字符串排序，然后对每个值只保留第一个键名，忽略后面的所有键名，即删除数组中重复的元素。语法格式如下：

```
array array_unique (array $ array)
```

语句中主要参数含义如下：

（1）array：必要参数，为输入的数组。

（2）返回值：过滤后的数组。

【例 5.5】本例将模拟明日图书系统添加图书的操作，如果添加的某本图书已经存在，则删除重复图书。使用 array_push () 函数向数组中添加数据，应用 array_unique () 函数删除数组中重复的元素，代码如下：

```
<? php
  $ array = array ("PHP 从入门到精通","PHP 范例手册",
"PHP 范例手册","PHP 网络编程自学手册");        //定义数组
array_push ($ array,"PHP 开发典型模块大全","PHP 网络编程自学手册");
print_r ($ array);                      //输出数组
```

```
echo "<br>";
$ result = array _ unique ( $ array);              //删除数组中重复的元素
print _ r ( $ result);                              //输出删除重复元素后的数组
? >
```

程序运行结果如图 5-8 所示。

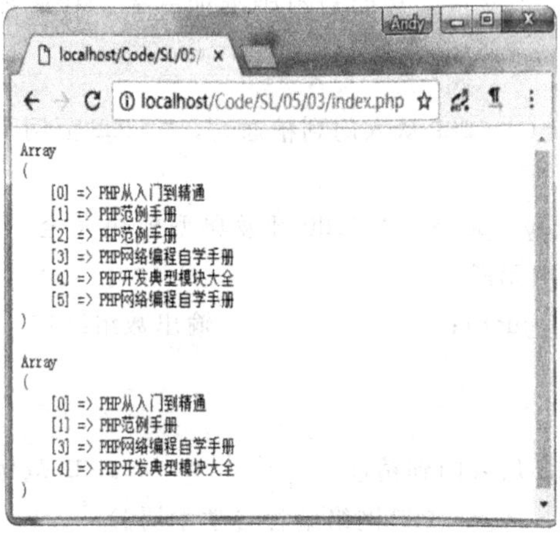

图 5-8　程序运行结果

5.11　其他常用数组函数

　　由于篇幅有限，本章不能将数组函数逐一介绍，下面将简单介绍其他常用数组函数。在遇到问题需要使用时，可自行查找《PHP 手册》，查找相应函数的用法，实现自己所设计的功能。

 ### 5.11.1　数组排序函数

常用的数组排序函数如表 5-1 所示：

表 5-1　常用的数组排序函数

函数名称	描述
sort（）	本函数对数组进行排序。当本函数结束时数组元素将被从最低到最高重新排序，不保持索引关系
rsort（）	对数组进行逆向排序
asort（）	对数组进行排序并保持索引关系
arsort（）	对数组进行逆向排序并保持索引关系

续表

函数名称	描述
ksort ()	对数组按照键名排序
krsort ()	对数组按照键名逆向排序
natsort ()	用"自然排序"算法对数组进行排序
natcasesort ()	用"自然排序"算法对数组进行不区分大小写字母的排序

【例 5.6】明日学院社区中有一个热帖功能，即根据帖子的回复数量由多到少作为热帖的排名顺序。帖子数组如下所示：

```
$ data = array (
    array ( 'post _ id' = >1, 'title' = > '如何学好 PHP', 'reply _ num' = >582),
    array ( 'post _ id' = >2, 'title' = > 'PHP 数组常用函数汇总', 'reply _ num'
= >182),
    array ( 'post _ id' = >3, 'title' = > 'PHP 字符串常用函数汇总', 'reply _ num'
= >982)
);
```

实现根据"reply _ num"由多到少进行排序的功能，代码如下：

```
<? php
/ * *
 * 根据数组中的某个键值大小进行排序、仅支持二维数组
 * @paramarray $ array 排序数组
 * @paraa~ string $ key 键值
 * @param bool $ asc 默认正序，false 为降序
 * @return array 排序后数组
 * /
function arraySortByKey ( $ array = array (), $ key = "", $ asc = true) {
$ result = array ();
/ * *整理出准备排序的数组 * * /
    foreach ( $ array as $ k = > $ v) {
        $ values [ $ k] = isset ( $ v [ $ key]) ? $ v [ $ key]: "";
    }
unset ( $ v);                                    //销毁变量
    $ asc ? asort ( $ values): arsort ( $ values);    //对需要排序的键值进行排序
/ * *重新排列原有的数组 * * /
    foreach ( $ values as $ k = > $ v ){
        $ result [ $ k] = $ array [ $ k];
    }
```

```
        return $result;
    }
    /* * *定义数组* * */
    $data = array (
            array ('post_id' => 1, 'title' => '如何学好 PHP', 'reply_num' =
 >582),
            array ('post_id' => 2, 'title' => 'PHP 数组常用函数汇总', 'reply_
num' => 182),
            array ('post_id' => 3, 'title' => 'PHP 字符串常用函数汇总', 'reply
_num' => 982)
    );
    $new_arrray = arraySortByKey ($data, 'reply_num', false);    //调用 arraySort-
ByKey () 函数
    echo "<pre>";                                   //指定输出格式
    print_r ($new_arrray);                          //输出数组
    ? >
```

程序运行结果如图 5-9 所示。

图 5-9   程序运行结果

 5. 11. 2   数组计算函数

常用的数组计算函数如表 5-2 所示。

表 5-2   常用的数组计算函数

函数名称	描述
array_sum ()	计算数组中所有值的和
array_merge ()	合并一个或多个数组

续表

函数名称	描述
array_diff ()	计算数组的差集
array_diff_assoc ()	带索引检查计算数组的差集
array_intersect ()	计算数组的交集
array intersect assoc ()	带索引检查计算数组的交集

【例5.7】本例将模拟淘宝多条件筛选商品的功能，根据手机品牌筛选出商品数组
$brand，根据手机颜色筛选出商品数组$color。现选择品牌为"iPhone"，颜色为"土豪
金"的手机。使用array_intersect ()函数实现该功能。代码如下：

```php
<? php
    $brand = array ('iPhone7 土豪金','华为 P10 宝石蓝','小米 6 玫瑰红');
    $color = array ('iPhone7 土豪金','华为土豪金','小米土豪金');
$result = array_intersect ($brand, $color);
print_r ($result);
? >
```

程序运行结果如图5-10所示。

图5-10　程序运行结果

5.12　难点解答

 5.12.1　数组的索引

为什么索引是从0开始的，而不是从1开始呢？这是继承了汇编语言的传统，此外，
从0开始也更利于计算机做二进制的运算和查找。

 5.12.2　使用count ()函数计算二维数组长度

count ()函数有两个参数，当第二个参数设为COUNT RECURSIVE（或1）时，
count ()函数将对数组进行递归计数。请计算如下二维数组的长度，代码如下：

```
<? php
    $ numb = array (
        array (10，15，30)，array (10，15，30)，array (10，15，30)
    );
    echo count ( $ numb, 1);
```
输出结果为:
12

首先遍历的是外面的数组，得出有 3 个元素，再遍历里面的数组，得出的是 9 个元素，结果就是 3+9=12。

 5.13　小结

本章重点讲解了数组的常用操作，这些操作在实际应用中会经常使用。另外，PHP提供了大量的数组函数，可以在开发任务中轻松实现所需要的功能。希望通过本章的学习，读者能够举一反三，对所学知识进行灵活运用，开发实用的 PHP 程序。

 5.14　实践与练习

1. 尝试声明一个一维数组和一个二维数组，并对数组元素进行输出。
2. 尝试开发一个页面，使用 list () 函数和 each () 函数获取存储在数组中的图书名称和作者。
3. 尝试开发一个页面，使用 explode () 函数以"//'为分隔符实现添加多选题功能。
4. 尝试开发一个页面，使用 sort () 函数对指定的数组进行升序排序。

第6章

PHP与Web页面交互

6.1　表单

Web表单的功能是让浏览者和网站有一个互动的平台。Web表单主要用来在网页中发送数据到服务器，例如提交注册信息时就需要使用表单。当用户填写信息并提交（submit）后，就将表单的内容从客户端的浏览器传送到服务器端，经过服务器上的PHP程序进行处理后，再将用户所需要的信息传递回客户端的浏览器上，从而获得用户信息，使PHP与Web表单实现交互。

 ### 6.1.1　创建表单

使用＜form＞标记，并在其中插入相关的表单元素，即可创建一个表单。

表单结构：

＜form name＝"form_name" method＝"method" action＝"url" enctype＝"value" target＝"target_win"＞

…　　　　　　　　　　　//省略插入表单元素

＜/form＞

＜form＞标记的属性如表6-1所示。

表6-1　＜form＞标记的属性

属性	说明
name	表单的名称
method	设置表单的提交方式，有GET或者POST方法
action	指向处理该表单页面的URL（相对位置或者绝对位置）
enctype	设置表单内容的编码方式

续表

属性	说明
target	设置返回信息的显示方式，target 的属性值如表 6-2 所示

表 6-2　target 属性值

属性值	描述
_ blank	将返回信息显示在新的窗口中
_ parent	将返回信息显示在父级窗口中
_ self	将返回信息显示在当前窗口中
_ top	将返回信息显示在顶级窗口中

例如，创建一个表单，再以 POST 方法提交到数据处理页 check _ ok. php，代码如下：

```
<form name = "form1" method = "post" action = "check _ ok. php">
</form>
```

以上代码中的<form>标记的属性是最基本的使用方法。需要注意的是，在使用 form 表单时，必须指定其行为属性 action，它会指定表单在提交时将内容发往何处进行处理。

6.1.2　表单元素

表单（form）由表单元素组成。常用的表单元素有：输入域标记<input>、选择域标记<select>和<option>、文字域标记<textarea>等。

1. 输入域标记<input>

输入域标记<input>是表单中最常用的标记之一。常用的文本框、按钮、单选按钮、复选框等构成了一个完整的表单。

语法格式如下：

```
<form>
  <input name = "file _ name"  type = "type _ name">
</form>
```

其中，name 是指输入域的名称，type 是指输入域的类型。在<input type= "">标记中一共提供了 10 种类型的输入区域，用户选择的类型由 type 属性决定。type 属性取值及举例如表 6-3 所示。

表 6-3 type 属性取值及举例

值	举例	说明	运行结果
text	＜input name＝"user" type－"text " value＝"纯净水" size＝" 12" max-length＝" 1000" ＞	name 为文本框的名称，value 是文本框的默认值，size 指文本框的宽度（以字符为单位），maxlength 指文本框的最大输入字符数	添加一个文本框
password	＜input name－ "pwd" type＝"password" value ＝"666666" size ＝ " 12" maxlength ＝ "20" ＞	密码域，用户在该文本框中输入的字符将被替换显示为 *，以起到保密作用	添加一个密码域
file	＜ input name ＝ "file" type ＝ "file" enctype＝" multipart/form－data" size＝"16" maxlength＝"200"	文件域，当文件上传时，可用来打开一个模式窗口以选择文件，然后将文件通过表单上传到服务器，如上传 Word 文件等。必须注意的是，上传文件时需要指明表单的属性 enctype ＝ "multiparUform－data" 才可以实现上传功能	添加一个文件域
image	＜ input name ＝ "imageField" type＝ "image" src＝"images/banner.gif" width ＝ " 120 " height－"24" border＝"0" ＞	图像域是指可以用在提交按钮位置上的图片，这幅图片具有按钮的功能	添加一个图像域
radio	＜input name ＝ "sex" type ＝"radio" value＝"I" checked＞男 ＜input name ＝ "sex" type ＝"radio" value＝"0" ＞女	单选按钮，用于设置一组选项，用户只能选择一项。checked 属性用来设置该单选按钮默认被选中	添加一组单选按钮（例如您的性别为:)
checkbox	＜ input name ＝ "checkbox" type＝ "checkbox" value＝ "l" checked＞ ＜inputname＝ "checkbox" type ＝ "checkbox" value＝ "1" checked＞ ＜inputname＝ "checkbox" type ＝ "checkbox" value＝ "0" ＞价格	复选框，允许用户选择多个选项。checked 属性用来设置该复选框默认被选中。例如，收集个人信息时，要求在个人爱好的选项中进行多项选择等	添加一组复选框（如影响您购买的原因）

续表

值	举例	说明	运行结果
submit	＜inputtype＝"submit" name ＝"Submit" value ＝"提 交"＞	将表单的内容提交到服务器端	添加一个提交按 钮：提交
reset	＜input type＝"reset" name＝ "Submit" value＝"按钮"＞	清除与重置表单内容，用于清除表 单中所有文本框的内容，并使选择 菜单项恢复到初始值	添加一个重置按 钮重置
button	＜input type＝"button" name ＝"Submit" value	按钮可以激发提交表单的动作，可 以在用户需要修改表单时，将表单 恢复到初始的状态，还可以依照程 序的需要发挥其他作用。普通按钮 一般是配合JavaScript脚本进行表单 处理的	添加一个普通按 钮按钮
hidden	＜input type＝"hidden" name ＝"bookid"＞	隐藏域，用于在表单中以隐含方式 提交变量值。隐藏域在页面中对于 用户是不可见的，添加隐藏域的目 的在于通过隐藏的方式收集或者发 送信息。浏览者单击"发送"按钮 发送表单时，隐藏域的信息也被一 起发送到action指定的处理页	一个隐藏域

2. 选择域标记＜select＞和＜option＞

通过选择域标记＜select＞和＜option＞可以建立一个列表或者菜单。菜单的使用是为了节省空间，正常状态下只能看到一个选项，单击右侧的下拉箭头打开下拉菜单后才能看到全部选项。列表可以显示一定数量的选项，如果超出了这个数量，会自动出现滚动条，浏览者可以通过拖动滚动条来查看各选项。

语法格式如下：

```
＜select name＝"name" size＝"value" multiple＞
  ＜option value＝"value" selected＞选项 1＜/option＞
  ＜option value＝"value"＞选项 2＜/option＞
  ＜option value＝"value"＞选项 3＜/option＞
...

＜/select＞
```

其中，name 表示选择域的名称；size 表示列表的行数；value 表示菜单选项值；multiple 表示以菜单方式显示数据，省略则以列表方式显示数据。

选择域标记＜select＞和＜option＞的显示方式及举例如表 6-4 所示。

表 6-4   选择域标记＜select＞和＜option＞的显示方式及举例

显示方式	举例	说明	运行结果
列表方式	＜selectname＝"spec" id＝"spec"＞＜option value＝"0" selected＞网络编程＜/option＞＜option value＝"1"＞办公自动化＜/option＞＜optionvalue＝"2"＞网页设计＜/option＞＜option value＝"3"＞网页美工＜/option＞＜/select＞	下拉列表框，通过选择域标记＜select＞和＜option＞建立一个列表，列表可以显示一定数量的选项，如果超出了这个数量，会自动出现滚动条，浏览者可以通过拖动滚动条来查看各选项。selected 属性用来设置该菜单时默认被选中	请选择所学专业 网络编程 办公自动化 网页设计 网页美工
菜单方式	＜select name＝"spec" id＝"spec" multiple＞＜option value＝"0" selected＞网络编程＜/option＞　＜option value＝"1"＞办公自动化＜/option＞＜option value＝"2"＞网页设计＜/option＞＜option value＝"3"＞网页美工＜/option＞＜/select＞	multiple 属性用于下拉列表＜select＞标记中，指定该选项用户可以使用 Shift 和 Ctrl 键进行多选	请选择所学专业 网络编程 办公自动化 网页美工

3. 文字域标记＜textarea＞

文字域标记＜textarea＞用来制作多行的文字域，可以在其中输入更多的文本。语法格式如下：

＜textarea name＝"name" rows＝value cols＝value value＝"value" warp＝"value"＞

…//文本内容

＜/textarea＞

其中，name 表示文字域的名称；rows 表示文字域的行数；cols 表示文字域的列数（这里的 rows 和 cols 以字符为单位）；value 表示文字域的默认值；warp 用于设定显示和送出时的换行方式，值为 off 表示不自动换行，值为 hard 表示自动硬回车换行，换行标记一同被发送到服务器，输出时也会换行，值为 soft 表示自动软回车换行，换行标记不会被发送到服务器，输出时仍然为一列。

文字域标记＜textarea＞的值及举例如表 6-5 所示。

表 6-5   文字域标记＜textarea＞的值及举例

值	举例	说明	运行结果
textarea	＜textarea name＝"remark" cols＝"20" rows＝"4" id＝"remark"＞请输入您的建议！＜/textarea＞	文字域，也称多行文本框，用于多行文字的编辑。warp 属性默认为自动换行方式	请发表您的建议： 请输入您的建议

6.2　在普通的 Web 页面中插入表单

在普通的 Web 页面中插入表单即将创建一个比较完整的表单，将<form>中的元素和属性全部基本全部都展示出来。

【例6.1】在普通的 Web 页面中插入表单的操作步骤如下。

首先在 HTML 的<body></body>标记中添加一个<form>表单。

然后在<form>表单中添加一系列的表单元素和属性。这里在表单的标记中增加了一些 CSS 的样式，使得页面看上去更炫酷一些。

```
<tr bgcolor = "♯FFCC33">
    <td height = "25" align = "right">爱好：</td>
    <td height = "25" colspan = "2" align = "left">
        <input name = "fond []" type = "checkbox" id = "fond []" value = "音乐">音乐
            <input name = "fond []" type = "checkbox" id = "fond []" value = "体育">体育
            <input name = "fond []" type = "checkbox" id = "fond []" value = "美术">美术
    </td>
</tr>
    <tr bgcolor = "♯FFCC33">
    <td height = "25" align = "right">照片上传：</td>
    <td height = "25" colspan = "2">
    <input name = "image" type = "file" id = "image" size = "20" maxlength = "100">
        </td>
    </tr>
<tr bgcolor = "♯FFCC33">
    <td height = "25" align = "right">个人简介：</td>
    <td height = "25" colspan = "2">
    <textarea name = "intro" cols = "30" rows = "10" id = "intro"></textarea>
        </td>
    </tr>
<tr align = "center" bgcolor = "♯FFCC33">
    <td height = "25" colspan = "3">
        <input type = "submit" name = "submit" value = "提交">
```

```
          <input type＝"reset" name＝"reset" value＝"重置">
          </td>
        </tr>
      </table>
    </form>
  </body>
</html>
```

代码说明：

该表单包括了常用表单元素：单行文本框、多行文本框、单选项（radio）、多选项（checkbox）以及多选菜单。

maxlength 是与姓名，密码文本框关联的属性，它限制用户输入密码的最大长度为 100 个字符。

列表框是列表菜单，它的命名属性下有自己的值供选择。selected 是一个特定的属性选择元素，如果某个 option 附加有该属性，在显示时就把该项列为第一项显示。

intro 文本框中的内容，按照 rows 和 cols 显示文字行和列宽。checked 标签是指单选项和多选项中的某个值，默认已经被选择。将该文件保存为 index. php。

上面文件中的 form 表单使用的是 POST 方法传递数据，所以用户提交的数据会保存到 ＄_POST 或 ＄_REQUEST 的超级全局数组中，根据 ＄_POST 数组中的值就可以处理提交的数据。后面会详细介绍获取表单数据的方法，POST 方法即是其中之一，可以在 method＝"post" 中选择。获取表单数据时表单是应用中最基本的操作，所以应关注表单后面的课程介绍。

注意：由于该页面未使用 PHP 脚本，因此属于静态页，可以将其保存为 . html 格式，然后直接使用浏览器打开该文件查看运行结果即可。

在浏览器中输入地址，按回车键，运行结果如 6-1 所示。

图 6-1   程序运行结果

6.3   获取表单数据的两种方法

获取表单元素提交的值是表单应用中最基本的操作，表单数据的传递方法有两种，即 POST 方法和 GET 方法。采用哪种方法是由 form 表单的 method 属性所指定的，下面介绍这两种方法在 Web 表单的应用。

6.3.1   使用 POST 方法提交表单

应用 POST 方法时，只需将 form 表单中的属性 method 设置成 POST 即可。POST 方法不依赖于 URL，不会显示在地址栏。POST 方法可以没有限制地传递数据到服务器，所有提交的信息在后台传输，用户在浏览器端是看不到这一过程的，安全性高。所以 POST 方法比较适合用于发送一个保密的（如信用卡号）或者容量较大的数据到服务器。

【例 6.2】本例将使用 POST 方法发送文本框信息到服务器，实例代码如下：

```
<!DOCTYPE html>
<html lang = "en">
<head>
  <meta charset = "UTF-8">
  <title>Document</title>
</head>
<body>
<form action = "index.php" method = "post" name = "form1">
  <table width = "300" border = "0" cellpadding = "0"   cellspacing = "0">
    <tr>
      <td height = "30">订单号：
<input type = "text" name = "user" size = "20">
        <input type = "submit" name = "submit" value = "提交">
      </td>
    </tr>
  </table>
</form>
</body>
</html>
```

说明：在以上代码中，form 表单的 method 属性指定了 POST（）方法的传递方式，并通过 action 属性指定了数据页为 index.php。因此，单击"提交"按钮后，即可提交文本框的信息到服务器，运行结果如图 6-2 所示。

图 6-2　程序运行结果

6.3.2　使用 GET（）方法提交表单

GET（）方法是＜form＞表单中 method 属性的默认方法。使用 GET（）方法提交表单数据时，数据会被附加到 URL 后面并显示出来，作为 URL 的一部分发送到服务器端去。在程序的开发过程中，由于 GET（）方法提交的表单数据是附加到 URL 上发送的，因此，在 URL 的地址栏中将会显示如下的内容 "URL 地址＋用户传递的参数信息"。

GET（）方法的传参格式如下：

http://url?name1=value1&name2=value2...

URL　　　参数1　　　参数2，也称查询字符串

其中，url 为表单的响应地址（如 127.0.0.1/index.php），name1 为表单元素的名称，value1 为表单元素的值。url 和表单元素之间用 "?" 隔开，而多个表单元素之间用 "&" 隔开，每个表单元素的格式都是 name＝value，固定不变的格式和套路。牢记即可。

注意：若要使用 GET（）方法提交表单，URL 的长度应限制在 1MB 字符以内。如果发送的数据量太大，数据将会被截断，从而导致意外或失败的处理结果。

【例 6.3】创建一个表单来实现应用 GET（）方法提交用户名和密码，并显示在 URL地址栏中。添加一个文本框，命名为 user；添加一个密码域，命名为 pwd；将表单的method 属性设置为 GET（）方法，示例代码如下所示：

```
＜! DOCTYPE html＞
＜html lang = "en"＞
＜head＞
  ＜meta charset = "UTF－8"＞
  ＜title＞form＜/title＞
＜/head＞
＜body＞
＜form action = "index.php" method = "get" name = "form1"＞
  ＜table width = "500" border = "0" cellpadding = "0"　cellspacing = "0"＞
    ＜tr＞
      ＜td width = "500" height = "30"＞
          用户名：＜input type = "text" name = "user" size = "12"＞
            密码：＜input type = "password" name = "pwd" id = "pwd" size = "12"＞
```

```
            <input type = "submit" name = "submit" value = "提交">
          </td>
        </tr>
      </table>
    </form>
  </body>
</html>
```

运行这个实例，在文本框中输入用户名和密码，单击"提交"按钮后，文本框内的信息就会显示在 URL 地址栏中，如图 6-3 所示：

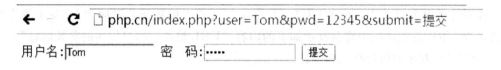

用户名:Tom　　　　密　码:•••••　　提交

图 6-3　程序运行结果

这里可以很明显的发现，GET（）方法会将参数暴露在地址栏中。如果用户传递的参数是非保密性的参数（如 id＝8），那么采用 GET（）方法传递数据是可行的；如果用户传递的是保密性的参数（如密码等），使用这种方法传递数据是不安全的。解决该问题的方法是将表单中的 method 属性默认的 GET（）方法替换为 POST（）方法。

6.4　PHP 参数传递的常用方法

PHP 参数传递常用的方法有 3 种：$ POST []、$ _ GET []、$ _ SESSION []，分别用于获取表单、URL 与 Session 变量的值。

6.4.1　$ POST [] 全局变量

使用 PHP 的 $ _ POST [] 预定义变量可以获取表单元素的值，格式为：

$ _ POST [name]

例如，建立一个表单，设置 method 属性为 POST，添加一个文本框，命名为 user，获取表单元素的代码如下：

```
<php
$ user = $ _ POST ["user"];    //应用 $ _ POST [] 全局变量获取表单元素中文本框
的值。
?>
```

6.4.2 ＄_GET［］全局变量

PHP使用＄GET［］预定义变量获取通过GET方法传过来的值，使用格式为：

＄_GET［name］

这样就可以直接使用名字为name的表单元素的值了。

例如，建立一个表单，设置method属性为GET，添加一个文本框，命名为user，获取表单元素的代码如下：

```
＜? php
    ＄user = ＄_GET［"user"］;   //应用＄_GET［］全局变量获取表单元素中文本框
的值。
    ? ＞
```

6.4.3 ＄_SESSION［］变量

使用＄_SESSION［］变量可以获取表单元素的值，格式为：

＄_SESSION［name］

例如，建立一个表单，添加一个文本框，命名为user，获取表单元素的代码如下：

＄user = ＄_SESSION［"name"］

使用＄_SESSION［］传参的方法获取的变量值，保存之后任何页面都可以使用。但这种方法很耗费系统资源，应慎重使用。

6.5 在Web页面中嵌入PHP脚本

在Web页面中嵌入PHP脚本的方法有两种，一种是直接在HTML标记中添加PHP标记符＜? php? ＞，写入PHP脚本，另一种是对表单元素的value属性进行赋值。

6.5.1 在HTML标记中添加PHP脚本

在Web编码过程中，可以随时添加PHP脚本标记＜? php? ＞，两个标记之间的所有文本都会被解释成PHP，而标记之外的任何文本都会被认为是普通的HTML。

例如，在＜body＞标记中添加PHP标识符，使用include语句调用外部文件top. php，代码如下：

```
＜? php
```

```
    include ("top. php");              //引用外部文件
? >
```

 ### 6.5.2   对表单元素的 value 属性进行赋值

在 Web 程序开发过程中，通常需要对表单元素的 value 属性进行赋值，以获取该表单元素的默认值。例如，为表单元素隐藏域进行赋值，只需要将所赋的值添加到 value 属性后即可，代码如下：

```
>? php
$ hidden = "yg0052";                //为变量 $ hidden 赋值
? >
```

隐藏域的值：<input type= "hidden" name= "ID" value= "<? php echo $ hidden;? >" >

从上面的代码中可以看出，首先为变量 $ hidden 赋予一个初始值，然后将变量 $ hidden 的值赋给隐藏域。在程序开发的过程中，经常使用隐藏域存储一些无须显示的信息或需传送的参数。

 # 6.6   在 PHP 中获取表单数据

获取表单元素提交的值是表单应用中最基本的操作方法。本节中定义使用 POST () 方法提交数据，对获取表单元素提交的值进行详细讲解。

 ### 6.6.1   获取文本框、密码域、隐藏域、按钮、文本域的值

获取表单数据，实际上就是获取不同的表单元素的数据。<form>标签中的 name 是所有表单元素都具备的属性，即为这个表单元素的名称，在使用时需要使用 name 属性来获取相应的 value 属性值。所以，添加的所有控件必须定义对应的 name 属性值，另外，控件在命名上尽可能不要重复，以免获取的数据出错。

在程序的开发过程中，获取文本框、密码域、隐藏域、按钮以及文本域的值的方法是相同的，都是使用 name 属性来获取相应的 value 属性值。本节仅以获取文本框中的数据信息为例，讲解获取表单数据的方法。希望读者能够举一反三，自行完成其他控件值的获取。

【例 6.4】使用登录实例来学习如何获取文本框的信息。在下面的实例中，如果用户单击 "登录" 按钮，则获取用户名和密码。

具体操作步骤如下：

（1）利用开发工具（如 Dreamweaver）新建一个 PHP 动态页，并将其保存为 index. php。

（2）添加一个表单，添加一个文本框和一个提交按钮，代码如下：

```
    <! DOCTYPE html>
<html lang = " en" >
<head>
  <meta charset = "UTF - 8" >
  <title>form</title>
</head>
<body>
<form action = "" method = "post" name = "form1" >
  <table width = "500" border = "0" cellpadding = "0"    cellspacing = "0" >
     <tr>
        <td width = "500" height = "30" >
           用户名：<input type = "text" name = "user" size = "12" >
           密码：<input type = "password" name = "pwd" id = "pwd" size = "12" >
           <input type = "submit" name = "submit" value = "登录" >
        </td>
     </tr>
  </table>
</form>
</body>
</html>
```

（3）在<form>表单元素外的任意位置添加 PHP 标记符，使用 if 条件语句判断用户是否提交了表单，如果条件成立，则使用 echo 语句输出使用 $ POST［］方法获取的用户名和密码，代码如下：

```
<? php
if ( $ _ POST ［ "submit"］ = = "登录") ｛           // 判断提交的按钮名称是否为
"登录"
// 使用 echo 语句输出使用 $ _ POST ［］方法获取的用户名和密码
echo "用户名为:" . $ _ POST ［ 'user'］. "<br >密码为:" . $ _ POST ［ 'pwd'］;
｝
? >
```

注意：在应用文本框传输值时，一定要正确的设置文本框的 name 属性，其中不应该有空格；在获取文本框的值时，使用的文本框名称一定要与表单文本框中设置的 name 相同，否则将不能获取文本框的值。

（4）在浏览器中输入运行地址，按回车键，将得到如图 6-4 所示的运行结果。

图 6-4   程序运行结果

 6.6.2   获取单选按钮的值

radio（单选按钮）一般是成组出现的，具有相同的 name 值和不同的 value 值，在一组单选按钮中，同一时间只能有一个被选中。

【例 6.5】本例中有两个 name—"sex"的单选按钮，选中其中一个并单击"提交"按钮，将会返回被选中的单选按钮的 value 值。

具体开发步骤如下：

（1）利用开发工具（如 Dreamweaver）新建一个 PHP 动态页，并将其保存为 index.php。

（2）添加一个表单，添加一组单选按钮和一个提交按钮，代码如下：

```
<form action = ' ' method = "post" name = "form1">
    性别：
    <input name = "sex" type = "radio" value = "1" cheecked>男
    < input name = "sex" type = "radio" value = "0">女
    <input type = "submit" name = "submit" value = "提交">
</from>
```

（3）在<form>表单元素外的任意位置添加 PHP 标记符，然后应用 $ POST [] 全局变量获取单选按钮组的值，最后通过 echo 语句进行输出，代码如下：

```
<? php
    If (isset ( $ _ POST [ "set"]) && $ _ POST [ "set"]! = "") {
        echo "您选择的性别为:". $ _ POST [ "set"];
    }
? >
```

（4）在 IE 浏览器中输入地址，按 Enter 键，运行结果如图 6-5 所示。

图 6-5   程序运行结果

6.6.3 获取复选框的值

复选框能够进行项目的多项选择。浏览者填写表单时，有需要选择多个项目。例如：在线听歌中需要同时选取多首歌曲等，就会用到复选框。复选框一般都是多个选项同时存在，为了便于传值，name的名字可以是一个数组形式，格式为：

＜input type = "checkbox" name= "checkbox []" value= "checkbox1" ＞

再返回页面可以使用 count（）函数计算数组的大小，结合 for 循环语句可以输出选择的复选框的值。

【例 6.6】通过一个实例来讲解一下获取复选框的值，在这个实例中提供了一组信息供用户选择，其中 name 值为 mrbook []的数组变量。在处理页中显示出用户所选信息，如果数组为空，则返回"您没有选择"，具体操作步骤如下。

（1）新建一个 index. php 页面，创建一个 form 表单，添加一组复选框和一个提交按钮，代码如下所示：

```
＜! DOCTYPE html＞
＜html lang = "en" ＞
＜head＞
        ＜meta charset = "UTF-8" ＞
        ＜title＞form＜/title＞
＜/head＞
＜body＞
＜form action = "index. php" method = "post" name = "form1" ＞
        ＜table width = "500"  cellpadding = "0"  cellspacing = "0" ＞
          ＜tr＞
            ＜td width = "500" height = "40" align = "center" valign = "top" ＞喜
欢的图书类型：
                ＜inputtype = "checkbox" name = "mrbook []" value = "艺术类" ＞
艺术类
                ＜input type = "checkbox" name = "mrbook []" value = "体育类" ＞
体育类
                ＜input type = "checkbox" name = "mrbook []" value = "理工类" ＞
理工类
                ＜input type = "checkbox" name = "mrbook []" value = "其他类" ＞
其他类
                ＜input type = "submit" name = "submit" value = "提交" ＞
            ＜/td＞
          ＜/tr＞
        ＜/table＞
```

```
</form>
</body>
</html>
```

（2）在<form>表单元素外的任意位置添加 PHP 标记符，然后使用＄＿POST［］全局变量来获取复选框的值，最后通过 echo 语句进行输出，其代码显示如下：

```
<? php
if（＄＿POST［"mrbook"］! = null）{                    //判断复选框如果不为空，
则执行下面的操作
    echo"您选择的结果是:";                          //输出字符串
        for（＄i = 0；＄i < count（＄＿POST［"mrbook"］）；＄i + +）{   //通过 for 循环
语句输出选中复选框的值
            echo ＄＿POST［"mrbook"］［＄i］. " ";              //循环输出用户选择
的图书类别
        }
}
? >
```

（3）在浏览器中输入运行地址，按回车键，得到如图 6-6 所示的运行结果：

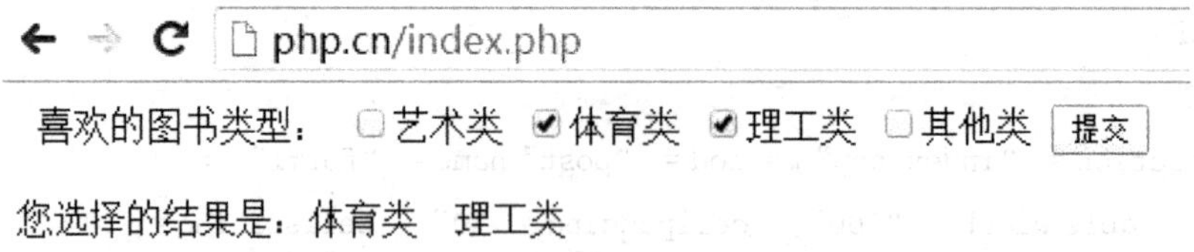

![浏览器窗口，地址栏为 php.cn/index.php，显示"喜欢的图书类型："及艺术类、体育类、理工类、其他类复选框，其中体育类和理工类被选中，有"提交"按钮，下方显示"您选择的结果是：体育类　理工类"]

图 6-6　获取复选框的值

6.6.4　获取下拉列表框/菜单框中的值

在 html 表单中，列表框（<select>）分为下拉列表框和菜单列表框两种形式，在 PHP 中，获取其值的语法基本一样。下拉列表框和菜单列表框在表单中的应用非常广泛，通常用它们来实现对条件的选择。

下面记录了在 PHP 中获取表单中下拉列表框的值的方法。

1. 获取表单中下拉列表框的值

获取下拉列表框的值的方法很简单，与获取文本框的值类似。还是要先定义下拉列表框的 name 属性值，然后在 PHP 中通过 ＄＿POST［］ 或 ＄＿GET［］ 全局变量来获取。

代码格式如下：

```
html 代码：<select name = "name" >
<option value = "值">选项</option>
......
```

```
</select>
```
php 代码：$ _ POST ［ "name"］

【例 6.7】在 PHP 中获取表单中下拉列表框的值的方法。

示例代码如下。

```
<! doctype html>
<html lang = "en">
<head>
<meta charset = "UTF - 8">
<meta http - equiv = "Content - Type"
content = "text/hmtl; charset = utf - 8"><! - -PHP 中乱码处理- ->
<title>在 php 中怎样获取表单中下拉列表框的值 _ PHP 笔记</title>
</head>
<body>
<form name = "myForm" action = "#" method = "post">
<span>分类学习：</span>
<select name = "mySelect" size = "1">
<option value = "html">html</option>
<option value = "css">css</option>
<option value = "javascript">javascript</option>
<option value = "php">php</option>
</select>
 <input type = "submit" value = "提交" /><br /><br />
</form>
<? php
if（$ _ POST）{
echo "你要学习的是:";
echo $ _ POST ［ 'mySelect'］;
}
? >
</body>
</html>
```

程序运行结果如图 6-7 所示。

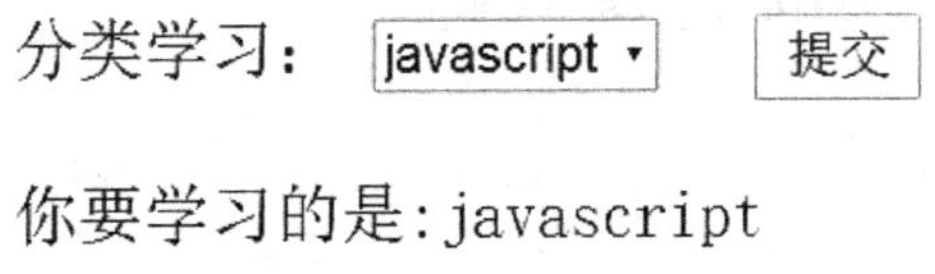

分类学习： javascript ▾   提交

你要学习的是:javascript

图 6-7 程序运行结果

2. 获取表单中菜单列表框的值

在 html 中，菜单列表框的<select>标签一般都设置了 multiple 属性，可以选择多个选项。获取菜单列表框的值的方法与获取复选框的值相似，都是获取多个值，所以一般采用数值的形式。在定义<select>标签的 name 属性时采用数组的形式。

格式如下：

html 代码：<select name = "name []" size = "4" multiple = "multiple" >......</select>

php 代码：$ _ POST ["name"] [索引]；

【例 6.8】利用 php 获取表单中菜单列表框的值。

示例代码如下。

```
<! doctype html>
<html lang = "en" >
<head>
<meta charset = "UTF - 8" >
<meta http - equiv = "Content - Type" content = "text/hmtl; charset = utf - 8" ><!
- - PHP 中午乱码处理 - - >
<title> _ PHP 笔记</title>
</head>
<body>
<form name = "myForm" action = "#" method = "post" >
<span>你学过的有：</span>
<select name = "mySelect []" size = "4" multiple = "multiple" >
<option value = "html" >html</option>
<option value = "css" >css</option>
<option value = "javascript" >javascript</option>
<option value = "php" >php</option>
</select>
 <input type = "submit" value = "提交" /><br /><br />
</form>
<? php
if ( $ _ POST) {
echo "你的选择是:";
foreach ( $ _ POST [ "mySelect"] as $ temp)
{
echo $ temp. ' ';
}
}
```

```
?>
</body>
</html>
```

程序运行结果如图 6-8 所示。

html
css
javascript
php
你学过的有：
提交
你的选择是：html css javascript

图 6-8 程序运行结果

6.6.5 获取文件域的值

文件域的作用是实现文件或图片的上传，它有一个特有的属性，即可以指定上传的文件类型，如果需要显示上传文件的类型，则可以通过设置该属性来完成。

【例 6.9】在本例中，选择需要上传的文件，单击“上传”按钮，就会在上方显示要上传文件的名称。

具体操作步骤如下。

（1）示例代码如下。

```
<!DOCTYPE html>
<html lang="en">
<head>
  <meta charset="UTF-8">
  <title>form</title>
</head>
<body>
<form action="index.php" method="post" name="form1">
  <input type="file" name="file" size="15">
  <input type="submit" name="upload" value="上传文件">
</form>
</body>
</html>
```

说明：本实例实现的是获取文件域的值，并没有实现图片的上传，因此不需要设置<form>表单元素的 enctype="multipart/form-data"属性。

（2）编写 PHP 语句，通过 $_POST[] 全局变量来获取菜单列表框的值，使用 echo 语句输出。其 PHP 代码如下显示：

```
<? php
echo $ _ POST [ "file"];              //输出要上传文件的绝对路径
? >
```

（3）在浏览器中输入运行地址，按回车键，得到如图6-9所示的运行结果：

图6-9　程序运行结果

6.7　对 URL 传递的参数进行编/解码

 6.7.1　对 URL 传递的参数进行编码

使用 URL 参数传递数据，就是在 URL 地址后面加上适当的参数。URL 实体对这些参数进行处理。使用方法如下：

http://url? name1 = value1&name2 = value2...

URL 传递的参数（也称为查询字符串）

显而易见，这种方法会将参数暴露，因此，本节针对该问题讲述一种 URL 编码方式，对 URL 传递的参数进行编码。

URL 编码是一种浏览器用来打包表单输入数据的格式，是对用地址栏传递参数进行的一种编码规则。如在参数中带有空格，则传递参数时就会发生错误，而用 URL 编码后，空格转换成"％20"，这样错误就不会发生了，对中文进行编码也是同样的情况，最主要的一点就是对传递的参数起到了隐藏的作用。

在 PHP 中对查询字符串进行 URL 编码，可以通过 urlencode（）函数实现，该函数的语法如下：

string urlencode（string str）

urlencode（）函数实现对字符串 str 进行 URL 编码。

【例6.10】本例应用 urlencode（）函数对 URL 传递的参数值"编程词典"进行编码，显示在 IE 地址栏中的字符串是 URL 编码后的字符串，示例代码如下：

＜a href＝"index. php? id＝＜? php echo urlencode（"编程词典"）;? ＞"＞编程词典＜/a＞

运行结果如图 6-10 所示。

图 6-10 程序运行结果

6.7.2 对 URL 传递的参数进行解码

对于 URL 传递的参数直接使用＄GET［］方法即可获取。而对于进行 URL 加密的查询字符串，则需要通过 urldecode（）函数对获取后的字符串进行解码，该函数的语法如下：

string urldecode（string str）

urldecode（）函数可将 URL 编码后的 str 查询字符串进行解码。

【例 6.11】在例 6.10 中应用 urlencode（）函数实现了对字符串"编码词典"进行编码，将编码后的字符串传给变量 id，本例将应用 urldecode（）函数对获取的变量 id 进行解码，将解码后的结果输出到浏览器，示例代码如下：

＜a href ＝"index. php? id ＝＜php echo urlencode（"编程词典"）;? ＞"＞编程词典＜/a＞

```
＜? php
    If（isset（＄ _ GET［'id']））｛
        echo "你提交的查询字符串的名称是:". urldecode（＄ _ GET［'id']）;
    ｝
? ＞
```

程序运行结果如图 6-11 所示。

图 6-11 程序运行结果

6.8　PHP 与 Web 表单的综合应用

下面介绍如何处理表单数据。此实例将假设一名网络浏览者在某酒店网站上登记房间，具体步骤如下。

（1）在网站根目录下建立一个 HTML 文件 form. html，输入以下代码并保存。

```
<HTML>
<HEAD × h2>GoodHome online booking form. - GoodHome 在线定房表。</h2 ></HEAD>
<BODY>
<form action = "formhandler. php" method = "post">
<table>
<tr bgcolor = "#3399FF">
    <td>客人姓名：</td>
    <td><input type = "text" name = "customemame" size = "10" /></td>
</tr>
<tr bgcolor = "#CCCCCC">
    <td>到达时间：</td>
    <td><input type = "text" name = "arrivaltime" size = "3" />天内</td>
</tr>
    <tr bgcolor = "#3399FF">
    <td>联系电话：</td>
    <td><input type = "text" name = "phone" size = "15",) </td>
    </tr>
    <tr bgcolor = "#666666">
      <td align = "center"><input type = "submit" value = "确认订房信息" /)</td>
    </tr>
    </table>
    </form>
    </form>
    </BODY>
    </HTML>
```

（2）在浏览器地址栏中输入"http://localhostform. html"，并按回车键确认，程序运行结果如图 6-12 所示。

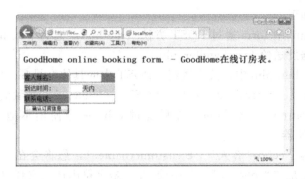

图 6-12　程序运行结果

（3）在相同目录下建立一个 PHP 文件 formhandler.php，输入以下代码并保存。

```
<HTML>
<HEAD>
<H2>GoodHome booking info. - GoodHomeiJ 房表确认信息。</H2>
</HEAD>
<BODY>
<? php
$ customername = $ _ POST ['customername'];
$ arrivaltime = $ _ POST [arrivaltime];
$ phone = $ _ POST ['phone'];
echo '<p>订房日确认信息：</p>';
echo '客人' $ customemame您会在 '. $ arrivaltime' 内到达。
您的联系电话是 '. $ phone。';
? >
</BODY>
</HTML>
```

（4）回到浏览器中打开的 form.html 页面。在表单中输入数据，"客人姓名"为"王小明"、"到达时间"为"3"、"联系电话"为"1359×××377"，最后单击"确认订房信息"按钮，浏览器会自动跳转到 formhandler.php 页面，显示结果如图 6-13 所示。

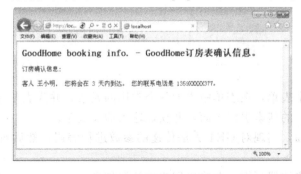

图 6-13　程序运行结果

案例分析内容如下。

（1）在 form. html 中 form 通过 POST 方法（method）把 3 个<input type＝"texn".../）中的文本数据发送给 formhandler. php。

（2）在 formhandler. php 中，读取数组 $ POST 中的具体变量 $ _ POST ['customername']. $ _ POST ['arrivaltime'] $ _ POST ['phone'] 并赋值给本地变量 $ customername、$ arrivaltime 和 $ phone。然后通过 echo 命令使用本地变量，把信息生成 HTML 后输出给浏览器。

（3）要提到的是"echo '客人'. $ customername. "，您将会在'. $ arrivaltime'天内到达。您的联系电是"$ phone. "。其中的"."是字符串连接操作符，它把不同部分的字符串连接在一起。在使用 echo 命令的时候经常会用到它。

 ## 6.9   疑难解答

Web 工作原理实际上比 7.1.2 小节的描述要复杂得多，每一个步骤都可以用一本书来讲解，但作为初学者，只要求掌握大概流程即可。比如，了解 Web 工作原理，就会明白为什么不能在 HTML 文件中写 PHP 代码，因为 HTML 文件不会请求 PHP 引擎，自然不会解析<? php? >标签，PHP 代码会以字符串形式原样输出。但是在 PHP 文件中，可以编写 HTML 代码。

 ## 6.10   小结

本章主要介绍了创建表单及表单元素、获取各种不同类型的表单数据方法，以及对 URL 传参的编码和解码。在学习完本章后，可以对表单应用自如，从而轻松实现"人机互交"。掌握了本章的技术要点，就意味着已经有了开发动态页的能力，为下一步的深入学习奠定了良好的基础。

 ## 6.11   实践与练习

1. 尝试创建一个表单，在表单中添加各个常用的元素，并为表单元素命名。

2. 开发一个简单的搜索引擎页面，并获取输入的关键字。

3. 开发一个页面，实现对 GET 方法传递的参数进行编码，然后对编码的字符串进行解码并输出。

4. 开发一个用户注册页面，并输出用户的注册信息。

第7章

PHP与JavaScript交互

 ## 7.1　了解 JavaScript

JavaScript 是脚本编程语言，支持 Web 应用程序的客户端和服务器端构件的开发，在 Web 系统中得到了非常广泛的应用。下面对 JavaScript 进行简单的介绍。

7.1.1　什么是 JavaScript

JavaScript 是由 Netscape Communication Corporation（网景公司）开发的，是一种基于对象和事件驱动并具有安全性能的解释型脚本语言。它不但可用于编写客户端的脚本程序，由 Web 浏览器解释执行，而且还可以编写在服务器端执行的脚本程序，在服务器端处理用户提交的信息并动态地向浏览器返回处理结果。

7.1.2　JavaScript 的功能

JavaScript 是比较流行的一种制作网页特效的脚本语言，它由客户端浏览器解释执行，可以应用在 PHP、ASP、JSP 和 ASP. NET 网站中，目前比较热门的 Ajax 就是以 JavaScript 为基础，由此可见，熟练掌握并应用 JavaScript 对于网站开发人员非常重要。

JavaScript 主要应用于以下几个方面。

（1）在网页中加入 JavaScript 脚本代码，可以使网页具有动态交互的功能，便于网站与用户间的沟通，及时响应用户的操作，对提交的表单做即时检查，如验证表单元素是否为空，验证表单元素是否为数值型，检测表单元素是否输入错误等。

（2）应用 JavaScript 脚本制作网页特效，如动态的菜单、浮动的广告等，为页面增添绚丽的动态效果，使网页内容更加丰富、活泼。

（3）应用 JavaScript 脚本建立复杂的网页内容，如打开新窗口载入网页。

（4）应用 JavaScript 脚本可以对用户的不同事件产生不同的响应。

（5）应用 JavaScript 制作各种各样的图片、文字、鼠标、动画和页面的效果。

（6）应用 JavaScript 制作一些小游戏。

 7.2　JavaScript 语言基础

JavaScript 脚本语言与其他语言一样，有其自身的基本数据类型、表达式和运算符以及程序的基本框架结构。通过本节的学习，可以掌握更多的 JavaScript 脚本语言的基础知识。

7.2.1　JavaScript 数据类型

JavaScript 主要有 6 种数据类型，如表 7-1 所示。

表 7-1　JavaScript 数据类型

数据类型	说明	举例
字符串型	使用单引号或双引号括起来的一个或多个字符	如"PHP"、 "I like study PHP"等
数值型	包括整数或浮点数（包含小数点的数或科学记数法的数）	如一128、12.9、6.98e6 等
布尔型	布尔型常量只有两种状态，即 true 或 false	如 event. retumValue＝false
对象型	用于指定 JavaScript 程序中用到的对象	如网页表单元素
null 值	可以通过给一个变量赋 null 值来清除变量的内容	如 a＝null
Undefined	表示该变量尚未被赋值	如 var a

7.2.2　JavaScript 变量

变量是指程序中一个已经命名的存储单元，它的主要作用就是为数据操作提供存放信息的容器。在使用变量前，必须明确变量的命名规则、变量的声明方法及变量的作用域。

1. 变量的命名规则

JavaScript 变量的命名规则如下。

（1）必须以字母或下划线开头，中间可以是数字、字母或下划线。

（2）变量名不能包含空格或加号、减号等符号。

（3）JavaScript 的变量名是严格区分大小写的。例如，User 与 user 代表两个不同的变量。

（4）不能使用 JavaScript 中的关键字。JavaScript 的关键字如表 7-2 所示。

表 7-2　JavaScript 的关键字

abstract	continue	instanceof	private	this
boolean	default	int	public	throw
break	do	interface	return	typeof
byte	double	long	short	true
case	else	native	static	var
catch	extends	new	super	void
char	false	null	switch	while
class	final	package	synchronzed	with

2. 变量的声明与赋值

在 JavaScript 中，一般使用变量前需要先声明变量，但有时变量可以不必先声明，在使用时根据变量的实际作用来确定其所属的数据类型。所有的 JavaScript 变量都由关键字 var 声明。

语法如下：

Var variable；

在声明变量的同时也可以对变量进行赋值：

Var variable = 11；

声明变量时所遵循的规则如下：
可以使用一个关键字 var 同时声明多个变量，例如：

var i，j；

可以在声明变量的同时对其赋值，即为初始化，例如：

Var i = 1；j = 100；

如果只是声明了变量，并未对其赋值，则其值默认 undefined。
如声明 3 个不同数据类型的变量，代码如下：

```
Var i = 100；                    //定义变量 i 为数值型
Var str = "有一条路，走过了总会想起"；    //定义变量 str 为字符串型
Var content = true；            //定义变量 content 为布尔型
```

7.2.3　JavaScript 注释

在 Java 中，采用的注释方法有两种。

1. 单行注释

单行注释使用"//"进行标识。"//"符号后面的文字都不被程序解释执行。例如：

//这里是程序代码的注释

2. 多行注释

多行注释使用"/ ＊…＊/"进行标识。"/ ＊…＊/"符号中的文字不被程序解释执行。例如：

/ ＊

这里是多行程序注释

＊/

另外，JavaScript 还能识别 HTML 注释的开始部分"<! —"，JavaScript 会将其看作单行注释结束，如使用"//"一样。但 JavaScript 不能识别 HTML 注释的结尾部分"——>"。

这种现象存在的主要原因是：在 JavaScript 中，如果第一行以"<! —"开始，最后一行以"—>"结束，那么其间的程序就包含在一个完整的 HTML 注释中，会被不支持 JavaScript 的浏览器忽略掉，不能被显示。如果第一行以"<! —"开始，最后一行以"//—>"结束，JavaScript 会将两行都忽略掉，而不会忽略这两行之间的部分。用这种方式可以针对那些无法理解 JavaScript 的浏览器而隐藏代码，而对那些可以理解 JavaScript 的浏览器则不必隐藏。

7.3　自定义函数

自定义函数的格式如下。

```
Return var;
}
```

自定义函数的调用方法是：

函数名（）；

其中的括号一定不能省略。

例：

```
<scriptlanguage = "javascript">
     function chengji (a, b) {
          return a * b;
          }
```

```
    document.write（"输出的结果是："+ chengji（15，3））；
</script>
```

输出的结果是：45

在同一个页面不能定义名称相同的函数，另外，当用户自定义函数后，需要对该函数进行引用，否则自定义函数将失去意义。

7.4　JavaScript 流程控制语句

ECMA−262 规定了一组流程控制语句。语句定义了 ECMAScript 中的主要语法，语句通常由一个或者多个关键字来完成给定的任务。诸如：判断、循环、退出等。

 ### 7.4.1　语句的定义

在 ECMAScript 中，所有的代码都是由语句来构成的。语句表明执行过程中的流程、限定与约定，形式上可以是单行语句，或者由一对大括号"{}"括起来的复合语句，在语法描述中，复合语句整体可以作为一个单行语句处理。示例代码如下。

```
var box = 100；//单行语句
var age = 20；//另一条单行语句
{
        //用花括号包含的语句集合，叫做复合语句，单位一个
        //一对花括号，表示一个复合语句，处理时候，可以当做一条单行语句来对待
        //复合语句一般叫做代码块
        var height = 200；
        var width = 300；
}
```

语句的种类如表 7-3 所示。

表 7-3　语句的种类

类型	子类型	语法
声明语句	变量声明语句	var box = 100；
	标签声明语句	label：box；
表达式语句	变量赋值语句	box = 100；
	函数调用语句	box（）；
	属性赋值语句	box.property = 100；
	方法调用语句	box.method（）；

续表

类型	子类型	语法
分支语句	条件分支语句	if ( ) { } else { }
	多重分支语句	switch ( ) { case n : . . . } ;
循环语句	for	for (; ;) { }
	for . . . in	for (x in x) { }
	while	while ( ) { } ;
	do . . . while	do { } while ( ) ;
控制结构	继续执行子句	continue ;
	终端执行子句	break ;
	函数返回子句	return ;
	异常触发子句	throw ;
	异常捕获与处理	try { } catch ( ) { } finally { }
其他	空语句	;
	with 语句	with ( ) { }

 ### 7.4.2　if 语句

if 语句即条件判断语句,一共有三种格式:

1.if(条件表达式)语句

判断条件返回布尔值,返回 true(真)就执行里面的语句,反之返回假,则不执行里面的语句复制代码。

```
var box = 100;
if (box>50) alert ('box 大于 50');          //if 里面的括号 (box > 50) 返回的结果转
换成布尔值是
                                            //true(真)的时候,则执行后面的一条语
句,否则不执行
var box = 100;
if (box > 50)
        alert ('box 大于 50');              //两行的 if 语句,判断后也执行一条语句
    alert ('不管怎样,我都能被执行到!');//这条会被执行,可以看出这个打印已经给 if
语句没关系了
var box = 100;
if (box < 50) {
        alert ('box 大于 50');              //用复合语句包含,判断后执行一条复合语句
        alert ('我被执行到!');             //复合语句就是一个代码块,判断后执行
```

的代码块

}

对于 if 语句括号里的表达式，ECMAScript 会自动调用 Boolean（）转型函数将这个表达式的结果转换成一个布尔值。如果值为 true，执行后面的一条语句，否则不执行。

（1）if 语句括号里的表达式如果为 true，只会执行后面一条语句，如果有多条语句，那么就必须使用复合语句把多条语句包含在内。

（2）推荐使用第一种或者第三种格式，即一行的 if 语句，或者多行的 if 复合语句。这样就不会因为多条语句而造成混乱。

（3）复合语句一般称为代码块。

2. if（条件表达式）｛语句；｝else｛语句；｝

判断条件返回布尔值，返回 true（真）就执行里面的语句，反之返回假，则执行 else 里面的语句

```
var box = 100;
if (box > 50) {
        alert ('box 大于 50');                    //条件为 true，执行这个代码块
} else {
        alert ('box 小于 50');                    //条件为 false，执行这个代码块
}
```

3. if（条件表达式）｛语句；｝else if（条件表达式）｛语句；｝…else｛语句；｝

多个条件判断，哪个条件返回 true（真）就执行哪个里面的语句、下面的就不执行了，所有的条件都返回假，就执行 else 里面的语句。

```
var box = 100;
if (box > = 100) {                              //如果满足条件，不会执行下面任何分支
        alert ('甲');
} else if (box > = 90) {
        alert ('乙');
} else if (box > = 80) {
        alert ('丙');
} else if (box > = 70) {
        alert ('丁');
} else if (box > = 60) {
        alert ('及格');
} else {                                        //如果以上都不满足，则输出不及格
        alert ('不及格');
}
```

158 PHP基础案例教程

7.4.3 switch 语句

switch 语句是多重条件判断，用于多个值的比较。被判断变量与哪条判断相等就执行哪条里面的语句。

```
var box = 1;
switch (box){                        //用于判断 box 相等的多个值
    case 1 :                         //case 1 相当于如果 box = = 1，会执行 alert
('one');
        alert ('one');
        break;                       //break；遇到 break 会退出判断语句，用于
防止语句的穿透
    case 2 :
        alert ('two');
        break;
    case 3 :
        alert ('three');
        break;
    default :                        //相当于 if 语句里的 else，否则的意思
        alert ('error');
}
```

7.4.4 do...while 循环语句

do...while 语句是一种先运行，后判断的循环语句。也就是说，不管条件是否满足，至少先运行一次循环体。

```
var box = 1;
do {                                 //先运行一次，再判断
    alert (box);                     //第一步打印 box
    box + +;                         //第二步累加，box 等于 2
} while (box < = 5);                 //第三步判断 box 是否小于或者等于 5，此
时 box 等于 2，条件成立则开始循环
```

7.4.5 while 循环语句

while 语句是一种先判断，后运行的循环语句。也就是说，必须满足条件了之后，方可运行循环体。

```
var box = 1;                                         //如果是 1，执行五次，如果是 10，不执行
```

```
while (box < = 5) {                         //先判断，再执行
    alert (box);
    box + + ;
}
```

7.4.6　for 循环语句

for 语句也是一种先判断，后运行的循环语句。但它具有在执行循环之前初始变量和定义循环后要的执行代码的能力。

```
for (var box = 1; box < = 5 ; box + + ) {   //第一步，声明变量 var box = 1;
    alert (box);                            //第二步，判断 box < = 5
}                                           //第三步，alert (box)
//第四步，box + +
//第五步，从第二步再来，直到判断为 false
```

7.4.7　for... in 循环语句，迭代循环语句，可以循环出对象里的数据

```
var duix = {                   //创建对象，对象有点像 python 里的字典，由键值对组成
    'xm': '林贵秀',
    'nl': '32',
    'xb': '男'
};
for (var i in duix) {          //循环出对象里面的元素名称，定义变量 i，将每次循环到的数
据赋值给 i
    alert (i);                 //循环打印出 i
};
```

7.4.8　break 和 continue 语句

break 和 continue 语句用于在循环中精确地控制代码的执行。其中，break 语句会立即退出循环，强制继续执行循环体后面的语句。continue 语句退出当前循环，继续后面的循环。

（1）break 关键字，立即退出循环。

```
document. write () 打印数据显示到网页上
for (var box = 1; box < = 10; box + + ) {
    if (box = = 5) break;                        //如果 box 是 5，就退出循环
    document. write (box);
    document. write ( '<br />');
```

```
}
```

（2）continue 关键字，退出当前循环继续后面的循环。

```
for (var box = 1; box < = 10; box + +) {
    if (box = = 5) continue;                        //如果 box 是 5，就退出当前循环
    document. write (box);
    document. write ('<br />');
}
```

7.4.9　with () 语句，对象作用域设置

with 语句的作用是将代码的作用域设置到一个特定的对象中。

```
var box = {                                         //创建一个对象
    'name' : '李炎恢',                               //键值对
    'age' : 28,
    'height' : 178
};
var n = box. name;                                  //从对象里取值赋给变量
var a = box. age;
var h = box. height;
//可以将上面的三段赋值操作改写成：
with (box) {                                        //省略了 box 对象名
    var n = name;
    var a = age;
    var h = height;
}
```

7.5　JavaScript 事件

JS 是基于对象的语言。它的一个最基本的特证就是采用事件驱动。事件是某次动作发生时产生的信号，这些事件随时都可能发生。引起事件发生的动作称之为触发事件。

为了便于广大读者查找 Javascript 中的常用事件，下面以表格的形式对各事件进行说明，如表 7-4 所示。

表 7-4 Javascript 事件表

事件		解说
一般事件	onclick	鼠标单击时触发此事件
	ondblclick	鼠标双击时触发此事件
	onmousedown	按下鼠标时触发此事件
	onmouseup	鼠标按下后松开鼠标时触发此事件
	onmouseover	当鼠标移动到某对象范围的上方时触发此事件
	onmousemove	鼠标移动时触发此事件
	onmouseout	当鼠标离开某对象范围时触发此事件
	onkeypress	当键盘上的某个键被按下并且释放时触发此事件.
	onkeydown	当键盘上某个按键被按下时触发此事件
	onkeyup	当键盘上某个按键被按放开时触发此事件
页面相关事件	onabort	图片在下载时被用户中断
	onbeforeunload	当前页面的内容将要被改变时触发此事件
	onerror	出现错误时触发此事件
	onload	页面内容完成时触发此事件
	onmove	浏览器的窗口被移动时触发此事件
	onresize	当浏览器的窗口大小被改变时触发此事件
	onscroll	浏览器的滚动条位置发生变化时触发此事件
	onstop	浏览器的停止按钮被按下时触发此事件或者正在下载的文件被中断
	oncontextmenu	当弹出右键上下文菜单时发生
	onunload	当前页面将被改变时触发此事件
表单相关事件	onblur	当前元素失去焦点时触发此事件
	onchange	当前元素失去焦点并且元素的内容发生改变而触发此事件
	onfocus	当某个元素获得焦点时触发此事件
	onreset	当表单中 RESET 的属性被激发时触发此事件
	onsubmit	一个表单被递交时触发此事件

在 PHP 中应用 js 脚本中的事件调用自定义函数是程序开发过程中经常使用的方法。

7.6　调用 JavaScript 脚本（JavaScript 脚本嵌入方式）

 ### 7.6.1　在 HTML 中嵌入 JavaScript

JavaScript 作为一种脚本语言，可以嵌入到 HTML 文件中。在 HTML 中嵌入 JavaScript 脚本的方法是使用<script>标记。

语法格式如下：

<script language = "javascript">

...

</script>

应用<script>标记是直接执行 JavaScript 脚本最常用的方法，大部分含有 JavaScript 的网页都采用这种方法，其中，通过 language 属性可以设置脚本语言的名称和版本。

注意：如果在<script>标记中未设置 language 属性，Internet Explorer 浏览器和 Netscape 浏览器将默认使用 JavaScript 脚本语言。

【例 7.1】本实例将实现在 HTML 中嵌入 JavaScript 脚本，这里直接在<script>和 </script>标记中间写入 JavaScript 代码，用于弹出一个提示对话框，实例代码如下：

<html>
<head>
<title>在 HTML 中嵌入 JavaScript 脚本</title>
</head>
<body>
<script language = "javascript">
alert（"我很想学习 PHP 编程，请问如何才能学好这门语言!"）；
</script>
</body>
</html>

在上面的代码中，<script>与</script>标记之间调用 JavaScript 脚本语言 window 对象的 alert 方法，向客户端浏览器弹出一个提示对话框。这里需要注意的是，JavaScript 脚本通常写在<head>…</head>标记和<body>…</body>标记之间。写在<head> 标记中间的一般是函数和事件处理函数；写在<body>标记中间的是网页内容或调用函数 的程序块。

在 IE 浏览器中打开 HTML 文件，运行结果如图 7-1 所示。

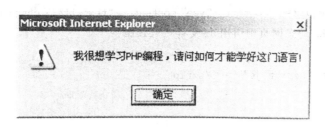

图 7-1   程序运行结果

7.6.2   应用 JavaScript 事件调用自定义函数

在 Web 程序开发过程中，经常需要在表单元素相应的事件下调用自定义函数。例如，在按钮的单击事件下调用自定义函数 check（）来验证表单元素是否为空，代码如下：

＜input type ＝ "submit" name ＝ "submit" value ＝ "检测" onclick ＝ "check（）;" ＞

然后在该表单的当前页中编写一个 check（）自定义函数即可。自定义函数在 7.3 节已经详细介绍过，这里不再赘述。

7.6.3   在 PHP 动态网页中引用 JS 文件

在网页中，除了可在＜script＞与＜/script＞标记之间编写 JavaScript 脚本代码，还可以通过＜script＞标记中的 src 属性指定外部的 JavaScript 文件（即 JS 文件，以 js 为扩展名）的路径，从而引用对应的 JS 文件。

语法格式如下：

＜script scr ＝ url language ＝ "javascript" ＞＜/script＞

其中，url 是 JS 文件的路径，"language ＝ "Javascript""可以省略，因为＜script＞标记默认使用的就是 JavaScript 脚本语言。

JavaScript 脚本不仅可以与 HTML 结合使用，同时也可以与 PHP 动态网页结合使用，其引用的方法是相同的。使用外部 JS 文件的优点如下：

（1）使用 JS 文件可以将 JavaScript 脚本代码从网页中独立出来，便于代码的阅读。

（2）一个外部 JS 文件，可以同时被多个页面调用。当共用的 JavaScript 脚本代码需要修改时，只需要修改 JS 文件中的代码即可，便于代码的维护。

（3）通过＜script＞标记中的 src 属性不但可以调用同一个服务器上的 JS 文件，还可以通过指定路径来调用其他服务器上的 JS 文件。

【例 7.2】本实例将在网页中通过＜script＞标记的 src 属性引用外部的 JS 文件，用于弹出一个提示对话框。

```
＜html＞

＜head＞
```

```
<meta http-equiv="Content-Type" content="text/html;charset=gb2312">
<title>在 PHP 动态网页中引用 JS 文件</title>
</head>
<script src="script.js"></script>
<body>
</body>
</html>
```

在同级目录下创建一个 script.js 文件，代码如下：

```
alert("恭喜您，成功调用了 script.js 外部文件!");
```

从上面的代码可以看出，在 index.php 文件中通过设定<script>标记中的 src 属性，引用了同级目录下的 script.js 文件。在 script.js 文件中调用 JavaScript 脚本语言 window 对象的 alert 方法，向客户端浏览器弹出一个提示对话框。

在 IE 浏览器中输入地址，按下回车键，运行结果如图 7-2 所示。

图 7-2　程序运行结果

在网页中引用 JS 文件需要注意的事项如下。

（1）在 JS 文件中，只能包含 JavaScript 脚本代码，不能包含<script>标记和 HTML 代码。读者可参考例 9.9 中 script.js 文件的代码。

在引用 JS 文件的<script>与</script>标记之间不应存在其他的 JavaScript 代码，即使存在 JavaScript 代码，浏览器也会忽略此脚本代码，而只执行 JS 文件中的 JavaScript 脚本代码。

 7.6.4　解决浏览器不支持 JavaScript 的问题

1. 开启 IE 浏览器对 JavaScript 的支持

（1）选择 IE 浏览器菜单中的"工具"/"Internet 选项"命令，打开"Internet 属性"对话框，选择"安全"选项卡，单击"自定义级别"按钮。

（2）将"Java 小程序脚本"和"活动脚本"两个选项设置为启用状态，单击确定按钮，即可开启 IE 浏览器对 JavaScript 脚本的支持。

2. 开启 IE 浏览器对本地 javascript 的支持

IE 浏览器将网页分为 Internet、本地 Internet、受信任的站点和受限制的站点 4 个区域，但不包含本地网页。通常在 XP 系统中，IE 浏览器打开包含 JavaScript 的网页时，如果用户要执行网页中所包含的 JavaScript 脚本，在弹出的快捷菜单中选择允许阻止的内容这个命令，即可成功运行该网页。要永久消除这种安全提示，需要进行如下设置：

选择 IE 浏览器菜单中的"工具"／"Internet 选项"命令，打开"Internet 属性"对话框，选择"高级"选项卡，在安全选项设置区域中"允许活动在我的计算机上的文件上运行"和"允许来自 CD 的活动内容在我的计算机上运行"复选框（仅仅指 XP）单击确定按钮，即可解决。

3. 应用注释符号验证浏览器是否支持 JavaScript 脚本功能

如果不确定是否支持，那么可以应用 HTML 提供的注释符号进行验证。HTML 提供的注释符号是以"＜！－－"开始，以"－－＞"结束。如果在此注释符号内编写 JavaScript 脚本，对于不支持 JavaScript 的浏览器，将会把编写的 JavaScript 脚本作为注释处理。

为了程序/代码的易读性，基本上每一种编程语言都有注释的功能，JavaScript 也不例外，JavaScript 注释代码有多种形式，这里向大家介绍 JavaScript 注释代码的两种方法：①单行注释；②多行注释。

javascript 注释代码一般有两种方法：

（1）JavaScript 单行注释。

单行注释以"//"开始，到该行的末尾结束。JavaScript 单行注释示例代码如下

```
＜html＞
＜head＞
＜title＞javascript 单行注释＜/title＞
＜script language ＝ "javascript"＞
＜！－
// The first alert is below
alert（"An alert triggered by JavaScript!"）;
// Here is the second alert
alert（"A second message appears!"）;
// － －＞
＜/script＞
＜/head＞
＜body＞
＜/body＞
＜/html＞
```

（2）JavaScript 多行注释。

多行注释以"/＊"开始，以"＊/"结束。下面的例子即是使用多行注释的代码：

```
<html>
<head>
<title>javascript 多行注释</title>
<script language = "javascript" >
<! —
/ *
Below two alert () methods are used to fire up two message boxes – note how the second
one fires after the OK button on the first has been clicked
 * /
alert ("An alert triggered by JavaScript!");
alert ("A second message appears!");
// - -＞
</script>
</head>
<body>
</body>
</html>
```

4. 应用<noscript>标记验证浏览器是否支持 JavaScript 脚本

如果用户不能确定浏览器是否支持 JavaScript 脚本，可以使用<noscript>标记进行验证。

如果当前浏览器支持 JavaScript 脚本，那么该浏览器将会忽略<noscript>. …. </noscript>标记之间的任何内容。如果浏览器不支持 JavaScript 脚本，那么浏览器将会把<noscript>. …. </noscript>标记之间的内容显示出来。通过此标记可以告诉浏览者当前使用的浏览器是否支持 JavaScript 脚本。

【例 7.3】使用 JavaScript 脚本在页面中输出一个字符串，并使用<noscript>标记提醒浏览者当前浏览器是否支持 JavaScript 脚本。实例代码如下：

```
<html>
<head>
<title>Hide scripts using comments. </title>
<script language = "javascript" type = "text/javascript" >
<! —
document. write ("您的浏览器支持 JavaScript 脚本!");
// - -＞
</script>
</head>
```

```
<body>
Page content here...
</body>
</html>
```

运行结果：您的浏览器支持 JavaScript 脚本！

7.7 在 PHP 中调用 JavaScript 脚本

7.7.1 应用 JavaScript 脚本验证表单元素是否为空

示例代码如下。

```
<html>
<head>
        <meta http-equiv="Content-Type" content="text/html; charset=gb2312">
        <title>应用 JavaScript 脚本验证表单元素是否为空</title>
</head>
<script language="javascript">
function mycheck () {
        if (myform.user.value == "") {
            alert ("用户名称不能为空!!");
            myform.user.focus ();
            return false;
        }
        if (myform.pwd.value == "") {
            alert ("用户密码不能为空!!");
            myform.pwd.focus ();
            return false;
        }
    }
</script>
<body>
<form name="myform" method="post" action="">
<table width="532" height="183" align="left" cellpadding="0" cellspacing="0" bgcolor="#CCFF66"
```

```
                    background = "images/bg. jpg" >
        <tr> <tdheight = "71" colspan = "2" align = "center" >  </td>
        </tr>
        <tr>
            <td width = "249" height = "30" align = "center" >  </td>
            <td width = "281" align = "left" >
                用户名：<input name = "user" type = "text" id = "user" size
= "20" > <br><br>
                密码：<input name = "pwd" type = "password" id = "pwd" size
= "20" >
            </td>
        </tr>
        <tr>
            <td height = "43" align = "center" >  </td>
            <td height = "43" align = "center" >
                <input type = "submit" name = "submit" onClick = "return my-
check ();" value = "登录" > 
                <input type = "reset" name = "Submit2" value = "重置" >
            </td>
        </tr>
    </table>
</form>
<? php
header ("Content - Type：text/html;    charset = gb2312");
? >
</body>
</html>
```

（1）在上面的代码中，在"登录"按钮的表单元素中添加了一个 onClick 鼠标单击事件，调用自定义函数 mycheck（），代码如下：<input type = "submit" name = "submit" onClick= "returnmycheck ();" value= "登录" >；

（2）在<form>表单元素外应用 function 定义一个函数 mycheck（），用来验证表单元素是否为空，在 mycheck（）函数中，应用 if 条件语句判断表单提交的用户名和密码是否为空，如果为空，弹出提示，自定义函数代码如下：

```
function mycheck () {
        if (myform. user. value = = "") {
            alert ("用户名称不能为空!!");
            myform. user. focus ();
```

```
                return false;
            }
            if (myform. pwd. value = = "") {
                alert ("用户密码不能为空!!");
                myform. pwd. focus ();
                return false;
            }
        }
```

程序运行结果如图7-3所示。

图 7-3 程序运行结果

7.7.2 应用 JavaScript 脚本制作二级导航

应用 JavaScript 脚本不仅可以用来验证表单元素，而且可以制作各式各样的网站导航菜单。这里以网站开发中最常应用的二级导航菜单为例，讲解其实现方法。

【例7.4】本实例主要应用 JavaScript 的 switch 语句确定要显示的二级菜单的内容。具体开发步骤如下。

（1）在网页中适当的位置添加一级导航菜单，本例中的一级导航菜单是由一系列空的超级链接组成的，这些空的超级链接执行的操作是调用自定义的 JavaScript 函数 Lmenu（）显示对应的二级菜单，在调用时需要传递一个标记，即主菜单项的参数，代码如下：

```
<table width = "761" height = "20" border = "0"
cellpadding = "0" cellspacing = "0" >
<tr>
        <td width = "67" align = "center" ><a href = "index. php" >首   页
</a></td>
        <td width = "75" align = "center" ><a href = "#" onMouseMove = "Lmenu
('新品')" >新品上架</a></td>
        <td width = "75" align = "center" ><a href = "#" onMouseMove = "Lmenu
('购物')" >购物车</a></td>
```

```
<td width = "74" align = "center"><a href = "#" onMouseMove = "Lmenu
('会员')">会员中心</a></td>
                <td width = "61" align = "center"><a href = "index.php">在线帮助</
a></td>
        </tr>
        </table>
```

（2）在网页中显示二级菜单的指定位置添加一个名为 submenu 的 div 层，代码如下：

```
<div id = "submenu" class = "word_yellow"> </div>
```

（3）编写自定义的 JavaScript 函数 Lmenu（），用于在鼠标移动到某一个一级菜单时，根据传递的参数值在页面中指定的位置显示对应的二级菜单，并设置二级菜单的名称及链接文件，代码如下：

```
<script language = "javascript">
function Lmenu (value) {
switch (value) {
case "新品":
submenu. innerHTML = "<a href = '#'>商品展示</a> | <a href = '#'>销售排
行榜</a> | <a href = '#'>商品查询</a>";
    break;
    case "购物":
submenu. innerHTML = " <a href = '#'>添加商品</a> | <a href = '#'>移出指
定商品</a> | <a href = '#'>清空购物车</a> | <a href = '#'>查询购物车</a
> | <a href = '#'>填写订单信息</a>";
    break;
    case "会员":
submenu. innerHTML = "<a href = '#'>注册会员</a> | <a href = '#'>修改会
员</a> | <a href = '#'>账户查询</a>";
    break;
    }
    }
    </script>
```

在自定义函数 Lmenu（）中，首先计算 switch 语句括号内表达式的值，当此表达式的值与某个 case 后面的常数表达式的值相等时，就执行此 case 后的语句，从而实现了二级菜单。当执行某个 case 后的语句时，如果遇到 break 语句，则结束这条 switch 语句的执行，转去执行这条 switch 语句之后的语句。

注意：通常情况下，都应该在 switch 语句的每个分支后面加上 break，使 JavaScript 只执行匹配的分支。

（4）在 IE 浏览器中输入地址并按回车键，当鼠标指针移动到一级菜单"购物车"超级链接上时，在页面的指定位置显示"添加商品""移出指定商品""清空购物车""查询购物车""填写订单信息"等购物车的二级子菜单，运行结果如图 7-4 所示。

图 7-4　应用 JavaScript 脚本制作二级导航

7.7.3　应用 JavaScript 脚本控制输入字符串的长度

在动态网站的开发过程中，经常需要限制用户输入字符串的长度，这样能够使网站更加规范化。

【例 7.5】应用 for 语句控制输入字符串的长度，即限制输入的最大字节数。具体开发步骤如下：

（1）创建一个 form 表单，用于提交用户注册的信息，包括用户名和密码，然后应用 onclick 事件调用 chkinput 函数，实现对表单中提交的数据进行判断，代码如下。

```
<form name = "form1" method = "post" action = "">
<tr align = "center" bgcolor = "#FF99CC">
<td height = "24" colspan = "2"><span class = "style1">用户注册</span></td>
</tr>
<tr bgcolor = "#FF99CC">
<td width = "64" height = "24" align = "center" class = "style1">用户名：</td>
<td width = "312" height = "24">
<input name = "username" type = "text" id = "username" size = "20" maxlength = "50">
<span class = "style2">  *  用户名不能超过 20 个字节</span></td>
</tr>
<tr bgcolor = "#FF99CC">
<td height = "24" align = "center" class = "style1">密码：</td>
```

```
<td height = "24">
<input name = "password" type = "password" id = "password" size = "20" maxlength = "50">
</td>
</tr>
<tr bgcolor = "#FF99CC">
<td height = "24" colspan = "2" align = "center">
<input type = "submit" name = "Submit" value = "注 册"    onClick = "checkname ();">
</td>
</tr>
</form>
```

(2) 使用 JavaScript 编写一个用于判断输入的字符是否大于指定长度的函数 checkstr
(), 该函数有两个参数——str (用于指定要判断的字符串) 和 dight (用于指定字符串的
最大长度), 返回值为 true 或 false, 代码如下:

```
<script language = "javascript">
function checkstr (str, digit) {          //定义 checkstr 函数实现对用户名长度的限制
var n = 0;                               //定义变量 n, 初始值为 0
for (i = 0; i<str. length; i + +) {      //应用 for 循环语句, 获取表单提交用户名字
符串的长度
var leg = str. charCodeAt (i);           //获取字符的 ASCII 码值
if (leg>255) {                           //判断如果长度大于 255
n + = 2;                                 //表示是汉字为两个字节
} else {
n + = 1;                                 //否则表示是英文字符, 为一个字节
}
}
if (n>digit) {                           //判断用户名的总长度如果超过指定长度, 则返回 true
return true;
} else {
return false;                            //如果用户名的总长度不超过指定长度, 则返回 false
}
}
</script>
```

(3) 编写一个自定义的 JavaScript 函数 checkname (), 用于在表单提交前判断用户名
是否合法, 在 checkname () 函数中调用 checkstr () 函数判断输入的字符串是否大于指
定长度 20, 如果长度大于 20, 则弹出提示信息, 否则提交表单, 代码如下:

```
<script language = "javascript">
```

```
function checkname () {              //定义 checkname 函数, 对表单中提交的数据进行判断
var name = form1. username. value;
if (name = = "") {                   //如果 username 的值为空
alert ("用户名不能为空");             //输出 "请输入用户名!"
form1. username. focus ();           //返回到该表单
}
else {
if (checkstr (name, 20)) {           //使用 checkstr 函数判断表单中提交的用户名的长
度是否合理
alert ("用户名长度不能超过 20 个字节, 请重新输入!");
form1. username. focus ();
}
}
}
</script>
```

（4）在 IE 浏览器中输入地址，按回车键，在用户注册页面中输入一个大于 10 个字符（一个字符占两个字节）的字符串，单击"注册"按钮，弹出警告信息，程序运行结果如图 7-5 所示。

图 7-5 程序运行结果

 7.8 疑难解答

 7.8.1 JavaScript 和 Java 关系

JavaScript 和 Java 的关系就像雷锋和雷峰塔的关系。它们是两门不同的编程语言。当时网景公司之所以将 LiveScript 命名为 JavaScript，是因为 Java 是当时最流行的编程语言，

带有"Java"的名字有助于这门新生语言的传播。

 7.8.2　JavaScript 和 jQuery 的关系

iQuery 是对 JavaScript 的一个扩展、封装，让 JavaScript 更好用、更简单。其核心理念是 "write less, do more（写的更少，做的更多）"。例如，获取一个表单中 "id=" start"" 的元素 value 值，使用 JavaScript 代码如下：

document. getElementByld（"start"）. value；

使用 iQuery 的代码如下：

$（'＃start'）. val（）；

在使用 iQuery 时，需要先引入 iQuery。虽然使用 iQuery 比 JavaScript 更简单，但是 JavaScript 才是根本，所以一般要先学习 JavaScript，再学习 iQuery。

 7.9　小结

通过本章的学习，可以了解到 JavaScript 是什么、能做什么以及 JavaScript 语言的基础。本章重点介绍了在 HTML 静态页和 PHP 动态页中调用 JavaScript 脚本的不同方法，以及如何自定义函数和灵活运用 JavaScript 流程控制语句。在熟悉和掌握了各个知识点后，相信读者能够举一反三，在 PHP 与 javaScript 脚本语言的交互下开发出更实用的网络程序。

 7.10　实践与练习

1. 创建一个 PHP 动态页面，添加以"博客"为主题的各表单元素，当用户单击"发表"按钮时，调用自定义函数 check（），验证各表单元素是否为空。

2. 在 PHP 动态页中引用 JS 文件来动态显示系统的当前时间。

3. 应用 JavaScript 脚本控制输入字符串的长度。

第8章

图形图像处理技术

8.1 在 PHP 中加载 GD 库

在 PHP 中可以使用 GD 库对图像进行操作。GD 库是一个开放动态创建图像、源代码公开的函数库，可以从官方网站 http://www.boutell.com/gd 下载。目前，GD 库支持 GIF、PNG、JPEG、WBMP 和 XBM 等多种图像格式，通常用于对图像的处理。

GD 库在 PHP 5 中是默认安装的，但要激活 GD 库，必须修改 php.ini 文件。将该文件中的"；extension＝php_gd2.dll"选项前的分号"；"删除，如图 8-1 所示，保存修改后的文件并重新启动 Apache 服务器即可生效。

在成功加载 GD2 函数库后，可以通过 phpinf（oc）函数来获取 GD2 函数库的安装信息，验证 GD 库是否安装成功。

在 IE 浏览器的地址栏中输入"127.O.O.I/phpinfo.php"并按回车键，在打开的页面中检索到如图 8-2 所示的 GD 库的安装信息，即说明 GD 库安装成功。

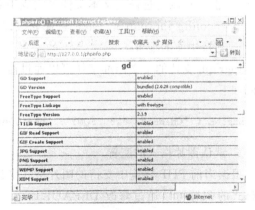

图 8-1　加载 GD2 函数库　　　　　　图 8-2　GD2 函数库的安装信息

8.2　Jpgraph 的安装与配置

Jpgraph 这个强大的绘图组件能够根据用户的需要绘制任意图形。只需要提供数据，就能自动调用绘图函数的过程，把处理的数据输入自动绘制。Jpgraph 提供了多种方法创建各种统计图，包括折线图、柱形图和饼形图等。Jpgraph 是一个完全使用 PHP 语言编写的类库，并可以应用在任何 PHP 环境中。

 ## 8.2.1　Jpgraph 的安装

Jpgraph 可以从其官方网站 http://www.aditus.nu/jpgraph/下载。注意 Jpgraph 支持 PHP 4.3.1 以上和 PHP 5 两种版本的图形库，应选择合适的 Jpgraph 下载。目前最新的版本是 2.3。

Jpgraph 的安装方法非常简单，文件下载后，安装步骤如下：

（1）将压缩包下的全部文件解压到一个文件夹中，如 F:\AppServ\www\jpgraph。

（2）打开 PHP 的安装目录，编辑 php.ini 文件并修改其中的 include_path 参数，在其后增加前面的文件夹名，如 include_path = ".;F:\AppServ\www\jpgraph"。

（3）重新启动 Apache 服务器即可生效。

注意：Jpgraph 需要 GD 库的支持。如果用户希望 Jpgraph 类库仅对当前站点有效，只需将 Jpgraph 压缩包下的 src 文件夹中的全部文件复制到网站所在目录的文件夹中，使用时调用 src 文件夹下的指定文件即可。这些内容在后面的实例中将具体讲解。

 ## 8.2.2　Jpgraph 的配置

Jpgraph 提供了一个专门用于配置 Jpgraph 类库的文件 jpg-config.inc.php。在使用 Jpgraph 前，可以通过修改文本文件来完成 Jpgraph 的配置。

jpg-config.inc.php 文件的配置需修改以下两项。

1. 支持中文的配置

Jpgraph 支持的中文标准字体可以通过修改 CHINESE_TTF_FONT 的设置来完成，代码如下。

```
DEFINE ('CHINESE_TTF_FONT','bkai00mp.ttf');
```

2. 默认图片格式的配置

根据当前 PHP 环境中支持的图片格式来设置默认的生成图片的格式。Jpgraph 默认图片格式的配置可以通过修改 DEFAULT_GFORMAT 的设置来完成。默认值 auto 表示 Jpgraph 将依次按照 PNG、GIF 和 JPEG 的顺序来检索系统支持的图片格式。

```
DEFINE ("DEFAULT_GFORMAT","auto");
```

注意：如果用户使用的为 Jpgraph 2.3 版本，就不需要重新进行配置了。

8.3　JpGraph 图像绘制库

JpGraph 是一种面向对象的图像绘制库，是基于 GD2 函数库，并对其中的函数进行封装，可以直接使用生成统计图的函数。JpGraph 可以生成 $X-Y$ 坐标图、$X-Y-Z$ 坐标图、柱形图、饼图、3D 饼图等统计图，并会自动生成坐标轴、坐标轴刻度、图例等信息，帮助我们快速生成所需样式的统计图。

JpGraph 这个强大的绘图组件能根据用户的需要绘制任意图形。用户只需要提供数据，就能自动调用绘图函数，把要处理的数据输入，并自动绘制。JpGraph 提供了多种方法创建各种统计图，包括折线图、柱形图和饼形图等。JpGraph 是一个完全使用 PHP 语言编写的类库，并可以应用在任何 PHP 环境中。

 8.3.1　JpGraph 的下载

JpGraph 可以从其官方网站（网址为：http://JpGraph.net/download）下载。注意，JpGraph 支持 PHP 5 和 PHP 7，目前最新的版本是 JpGraph 4.0.2。

JpGraph 的安装方法非常简单，文件下载后，安装步骤如下：

（1）将下载的压缩包解压。解压后，将 jpgraph-4.0.2 文件夹下的 src 文件夹复制到项目文件夹下。

（2）将 src 文件夹重命名为 jpgraph。目录结构如图 8-3 所示。

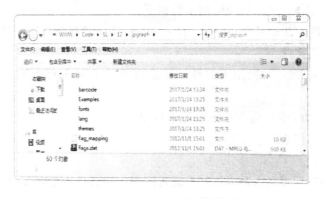

图 8-3　JpGraph 文件目录结构

 8.3.2　JpGraph 的中文配置

JpGraph 生成的图片包含中文时，会出现乱码现象。要解决此问题，需对下面 3 个文件进行修改。

（1）修改 jpgraph _ ttf. inc. php。路径为："D：\ phpStudy \ WWW \ Code \ SL \ 12 \ jpgraph \ jpgraph _ ttf. inc. php。"在"jpgraph _ ttf. inc. php"文件中，将代码："define （'CHINESE. TTF FONT'，'bkaiOOmp. ttf'）

修改为："define （'CHINESE—TTF FONT'，'simhei. ttf'）；

其中 simhei. ttf 是中文黑体，更多中文字体可以在"C：\ WindowsYFonts \ "文件夹下选择。

（2）修改 jpgraph _ legend. inc. php，路径为："D：\ phpStudy \ WWW \ Code \ SL \ 12 \ jpgraph \ jpgraph _ legend. inc . php"在"jpgraph _ legend. inc. php"文件中，将代码："public ＄font _ family＝FF _ DEFAULT，＄font _ style＝FS _ NORMAL，＄font _ size＝8；"

修改为："public ＄font _ family＝FF _ CHINESE，＄font _ style＝FS _ NORMAL，＄font _ size＝8；"

（3）修改 jpgraph. php，路径为："D：\ phpStudy \ WWW \ Code \ SL \ 12 \ jpgraph \ jpgraph. php"。在 jpgraph. php 文件中，将代码：

"public ＄font _ family＝FF _ DEFAULT，＄font _ style＝FS _ NORMAL，＄font _ size＝8，＄label _ angle＝0；"

修改为：

"public ＄font _ family＝FF _ CHINESE，＄font _ style＝FS NORMAL，＄－f：ont _ size＝8，＄label _ angle＝0；"

 ### 8.3.3 JpGraph 的使用

完成 8.3.2 小节的中文配置后，本节以基本的折线图为例，讲解如何使用 JpGraph，以及如何显示中文字体。生成折线图的步骤如下。

（1）引入类文件。首先引入 jpgraph. php 文件，由于要画折线图，接下来引入 jpgraph _ line. php 折线图类文件。

（2）创建 Graph 类，设置相关属性，包括 X 轴、Y 轴坐标刻度，折线图标题字体、标题、X 轴数据等。

（3）创建 LinePlot 坐标类，并导入 Y 轴数据。

（4）坐标类注入图表类。

（5）显示图片。

以明日学院小班课报名人数为例，生成折线图。在折线图中，X 轴显示月份、Y 轴显示人数，并设置折线为蓝色。具体代码如下：

```php
<? php
require _ once （'jpgraph/jpgraph. php'）; //必须要引用的文件
require _ once （'jpgraph/jpgraph _ bar. php'）; //包含曲线图文件
//创建图表的数据，650 为宽度，350 长度
＄data1y = new Graph （65.，350）;
```

// 设置刻度类型，X 轴刻度可作为文本标注的直线刻度，Y 轴为直线刻度

$ graph-＞SetScale（"textlin"）;

$ graph-＞title-＞setFont（FF_CHINESE）; //设置字体

$ graph-＞title-＞set（'明日学院小班可报名个人数'）; //设置标题

//设置 x 轴数据

$ graph-＞xaxis-＞setTICKLABELS（ARRAY（'1 月'，'2 月'，'3 月'，'4 月'，'5 月'，'6 月'，'7 月'，'8 月'，'9 月'））;

$ ydata = array（220，430，580，420，330，220，440，340，230; // Y 轴数据，以数组形式赋值

$ lineplot = new LinePlot（$ ydat：a）; //创建坐标类，将 Y 轴数据注入

$ lineplot-＞SetColor（´blue´）; //Y 轴连线设定为蓝色

$ graph-＞Add（$ lineplot）; //坐标类注入图表类

$ graph-＞strroke（）; //显示图表

程序运行结果如图 8-4 所示。

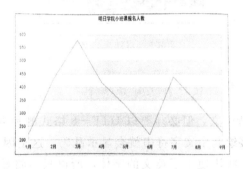

图 8-4 程序运行结果

8.4 JpGraph 典型应用

网页中如果没有丰富多彩的图形图像总是会缺少生气，漂亮的图形图像能让整个网页看起来更富有吸引力，使许多文字用难以表达的思想一目了然，并且可以清晰地表达出数据之间的关系。下面使用 GD2 函数可以进行各种图形图像处理。

 ### 8.4.1 创建一个简单的图像

使用 GD2 函数库可以实现各种图形图像的处理。创建画布是使用 GD2 函数库来创建图像的第一步，无论创建什么样的图像，首先都需要创建一个画布，其他操作都将在这个画布上完成。在 GD2 函数库中创建画布，可以通过 imagecreate（）函数实现。

【例 8.1】下面使用 imagecreate（）函数创建一个宽 200 像素、高 60 像素的画布，并

且为画布设置了背景颜色 RGB 值为（225，66，159），最后输出一个 gif 格式的图像。示例代码如下：

```php
<? php
$ im = imagecreate (200, 60);                    //创建一个画布
$ white = imagecolorallocate ($ im, 225, 66, 159);        //设置画布的背景颜色
为粉色
imagegif ($ im);                               //输出图像
? >
```

在上面的代码中，主要使用 imagecreate () 函数来创建一个基于普通调色板的画布，通常支持 256 色，其中 200、60 为图像的宽度和高度，单位为像素（pixel）。

程序运行结果如图 8-5 所示。

图 8-5　程序运行结果

 ### 8.4.2　使用 GD2 函数在照片上添加文字

PHP 中的 GD 库支持中文，但必须要以 UTF－8 格式的参数来进行传递，如果使用 imageString () 函数直接绘制中文字符串就会显示乱码，这是因为 GD2 对中文只能接收 UTF－8 编码格式，并且默认使用了英文的字体，所以只需将显示的中文字符串进行转码，并设置绘制中文字符使用的字体，即可绘制中文字符。

【例 8.2】使用 imageTTFText () 函数将文字"长白山天池"以 TTF（True Type Fonts）字体输出到图像中。程序开发步骤如下。

（1）用记事本编辑所要显示的汉字"长白山天池"。

（2）把所编辑的文字存储成为 UTF－8 格式的文件。

（3）使用光盘中赠送的 UTF－8 编辑器，解压缩"utf－8 转码工具.rar"文件后，运行"编码转换.exe"文件，获取汉字的 UTF－8 编码。字符串"长白山天池"转换成 UTF－8 的编码是 E9　95　BF　E7　99　BD　E5　B1　B1　E5　A4　A9　E6　B1　A0。

说明：一个汉字占 3 个字节，所以应该选择编辑汉字的总数乘以 3 个字节的内容。

（4）载入一张.jpg 格式的背景图片，并用 imageTTFText () 函数在图像中以 sim-hei.ttf 字体输出一串蓝色的文字"长白山天池"，代码如下：

```php
header ("content－type: image/jpeg");            //定义输出为图像类型
$ im = imagecreatefromjpeg ("images/photo. jpg");    //载入照片
$ textcolor = imagecolorallocate ($ im, 56, 73, 136);    //设置字体颜色为蓝色，并
设置 RGB 颜色值
```

```
$ fnt = "c:/windows/fonts/simhei.ttf";                    //定义字体
$ motto = chr (0xE9) .chr (0x95) .chr (0xBF) .chr (0xE7) .chr (0x99) .chr
(0xBD) .
    chr (0xE5) .chr (0xB1) .chr (0xB1) .chr (0xE5) .chr (0xA4) .chr (0xA9) .
    chr (0xE6) .chr (0xB1) .chr (0xA0);                    //定义输出字体串
    imageTTFText ($ im, 220, 0, 480, 340, $ textcolor, $ fnt, $ motto);        //写
TTF 文字到图中
    imagegif ($ im);                                       //建立 gif 图形
    imageDestroy ($ im);                                   //结束图形，释放内存空间
    ? >
```

在上面的代码中，主要使用 imageTTFText () 函数输出文字到照片中。其中，$ im 是指照片，220 是字体的大小，0 是文字的水平方向，480、340 是文字的坐标值，$ text-color 是文字的颜色，$ fnt 是字体，$ motto 是照片文字。

本实例运行前后的效果如图 8-6 与图 8-7 所示。

图 8-6　原始图片　　　　　　　　　　　　图 8-7　添加文字后的照片

 8.4.3　使用图像处理技术生成验证码

验证码功能的实现方法很多，有数字验证码、图形验证码和文字验证码等。在本节中介绍一种使用图像处理技术生成的验证码。

【例 8.3】下面详细介绍一下使用图像处理技术生成验证码的实现过程。程序的开发步骤如下：（实例位置：光盘 \ TM \ sl \ 12 \ 3）

（1）创建一个 checks.php 文件，在该文件中使用 GD2 函数创建一个 4 位的验证码，并且将生成的验证码保存在 Session 变量中，代码如下：

```
< ? php
session _ start ();                            //初始化 Session 变量
header ("content - type: image/png");          //设置创建图像的格式
$ image _ width = 70;                          //设置图像宽度
$ image _ height = 18;                         //设置图像高度
```

```
srand (microtime () * 100000);                    //设置随机数的种子
for ($ i = 0; $ i<4; $ i++) {                      //循环输出一个 4 位的随机数
$ new_number. = dechex (rand (0, 15));
}
$ _ SESSION [check_checks] = $ new_number;          //将获取的随机数验证码写入到
Session 变量中
$ num_image = imagecreate ($ image_width, $ image_height);   //创建一个画布
imagecolorallocate ($ num_image, 255, 255, 255);    //设置画布的颜色
for ($ i = 0; $ i<strlen ($ _ SESSION [check_checks]); $ i++) { //循环读取
Session 变量中的验证码
$ font = mt_rand (3, 5);                           //设置随机的字体
$ x = mt_rand (1, 8) + $ image_width * $ i/4;      //设置随机字符所在位置的 X 坐标
$ y = mt_rand (1, $ image_height/4);                //设置随机字符所在位置的 Y 坐标
$ color = imagecolorallocate ($ num_image, mt_rand (0, 100),
mt_rand (0, 150), mt_rand (0, 200)); //设置字符的颜色
imagestring ($ num_image, $ font, $ x, $ y, $ _ SESSION
[check_checks] [$ i], $ color);    //水平输出字符
}
imagepng ($ num_image);                            //生成 PNG 格式的图像
imagedestroy ($ num_image);                        //释放图像资源
?>
```

在上面的代码中，对验证码进行输出时，每个字符的位置、颜色和字体都是通过随机数来获取的，可以在浏览器中生成各式各样的验证码，还可以防止恶意用户攻击网站系统。

(2) 创建一个用户登录的表单，并调用 checks.php 文件，在表单页中输出图像的内容，提交表单信息，使用 if 条件语句判断输入的验证码是否正确。如果用户填写的验证码与随机产生的验证码相等，则提示"用户登录成功!"，代码如下：

```
<? php
session_start ();               //初始化 Session
if ($ _ POST ["Submit"]! = "") {
$ checks = $ _ POST ["checks"];    //获取验证码文本框的值
if ($ checks = = "") {             //如果验证码的值为空，则弹出提示信息
echo "<script> alert ('验证码不能为空'); window.location.href = 'index.php';
</script>";
}
//如果用户输入验证码的值与随机生成的验证码的值相等，则弹出登录成功提示
if ($ checks = = $ _ SESSION [check_checks]) {
echo "<script> alert ('用户登录成功!'); window.
```

location. href = 'index. php'; </script>";

} else {   //否则弹出验证码不正确的提示信息

echo "<script> alert ('您输入的验证码不正确!'); window.

location. href = 'index. php'; </script>";

}

}

? >

（3）在 IE 地址栏中输入地址，按下回车键，输入用户名和密码，在"验证码"文本框中输入验证码信息，单击"登录"按钮，对验证码的值进行判断，程序运行结果如图 8-8 所示。

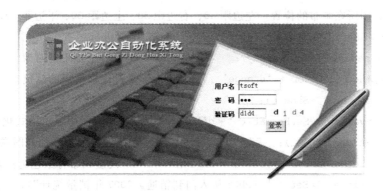

图 8-8　使用图像处理技术生成验证码

 8.4.4　使用柱形图统计图书月销售量

柱形图的使用在 Web 网站中也非常广泛，可以直观地显示数据信息，使数据对比和变化趋势一目了然，从而更加准确、直观地表达信息和观点。

【例 8.4】使用 Jpgraph 类库实现柱形图统计图书月销售情况。创建柱形分析图的详细步骤如下。

（1）使用 include 语句引用 jpgraph. php 文件。

（2）由于采用柱形图进行统计分析，因此需要创建 BarPlot 对象，BarPlot 类在 jpgraph _ bar. php 中定义，需要使用 include 语句调用该文件。

（3）定义一个 12 个元素的数组，分别表示 12 个月中的图书销量。

（4）创建 Graph 对象，生成一个 600×300 像素大小的画布，设置统计图所在画布的位置以及画布的阴影、淡蓝色背景等。

（5）创建一个矩形的对象 BarPlot，设置其柱形图的颜色，在柱形图上方显示图书销售数据，并格式化数据为整型。

（6）将绘制的柱形图添加到画布中。

（7）添加标题名称和 X 轴坐标，并分别设置其字体。

（8）输出图像。

本实例的完整代码如下：

```php
<? php
include（"jpgraph/jpgraph. php"）;
include（"jpgraph/jpgraph _ bar. php"）;              //引用柱形图对象所在的文件
$ datay = array（160，180，203，289，405，488，489，408，299，166，187，105）;
                                //定义数组
$ graph = new Graph（600，300，"auto"）;            //创建画布
$ graph->SetScale（"textlin"）;
$ graph->yaxis->scale->SetGrace（20）;
$ graph->SetShadow（）;                              //创建画布阴影
//设置统计图所在画布的位置，左边距40、右边距30、上边距30、下边距40，单位为像素
$ graph->img->SetMargin（40，30，30，40）;
$ bplot = new BarPlot（$ datay）;                    //创建一个矩形的对象
$ bplot->SetFillColor（'orange'）;                   //设置柱形图的颜色
$ bplot->value->Show（）;                            //设置显示数字
$ bplot->value->SetFormat（'%d'）;                   //在柱形图中显示格式化的图书销量
$ graph->Add（$ bplot）;                             //将柱形图添加到图像中
$ graph->SetMarginColor（"lightblue"）;              //设置画布背景色为淡蓝色
$ graph->title->Set（"《PHP5 从入门到精通》2007 年销量统计"）; //创建标题
//设置 X 坐标轴文字
$ a = array（"1 月"，"2 月"，"3 月"，"4 月"，"5 月"，"6 月"，"7 月"，"8 月"，"9 月"，
"10 月"，"11 月"，"12 月"）;
$ graph->xaxis->SetTickLabels（$ a）;               //设置 X 轴
$ graph->title->SetFont（FF _ SIMSUN）;             //设置标题的字体
$ graph->xaxis->SetFont（FF _ SIMSUN）;             //设置 X 轴的字体
$ graph->Stroke（）;                                 //输出图像
?>
```

本实例的运行结果如图 8-9 所示。

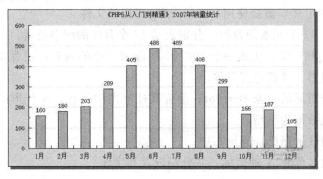

图 8-9　程序运行结果

8.4.5 使用折线图统计图书月销售额

折线图的使用同样也十分广泛，如商品的价格走势、股票在某一时间段的涨跌等，都可以使用折线图来分析。下面通过具体的实例进行讲解。

【例8.5】使用Jpgraph类库实现折线图统计图书月销售额情况。创建折线分析图的详细步骤如下（实例位置：光盘\TM\sl\12\5）。

（1）使用include语句引用jpgraph_line.php文件。

（2）由于采用折线图进行统计分析，因此需要创建LinePlot对象，而LinePlot类在jpgraph_line.php中定义，需要应用include语句调用该文件。

（3）定义一个12个元素的数组，分别表示12个月中的图书月销售额。

（4）创建Graph对象，生成一个600×300像素大小的画布，设置统计图所在画布的位置，以及画布的阴影、淡蓝色背景等。

（5）创建一个折线图的对象BarPlot，设置其折线图的颜色。

（6）将绘制的折线图添加到画布中。

（7）添加标题名称和X轴坐标，并分别设置其字体。

（8）输出图像。

本实例的完整代码如下：

```php
<? php
include（"jpgraph/jpgraph.php"）;
include（"jpgraph/jpgraph_line.php"）;          //引用折线图LinePlot类文件
$datay = array（8320, 9360, 14956, 17028, 13060, 15376, 25428,
16216, 28548, 18632, 22724, 28460）;          //定义数组
$graph = new Graph（600, 300, "auto"）;          //创建画布
//设置统计图所在画布的位置，左边距50、右边距40、上边距30、下边距40，单位为像素
$graph->img->SetMargin（50, 40, 30, 40）;
$graph->img->SetAntiAliasing（）;                //设置折线的平滑状态
$graph->SetScale（"textlin"）;                    //设置刻度样式
$graph->SetShadow（）;                            //创建画布阴影
$graph->title->Set（"2007年《PHP5从入门到精通》图书月销售额折线图"）;  //设置标题
$graph->title->SetFont（FF_SIMSUN, FS_BOLD）;     //设置标题字体
$graph->SetMarginColor（"lightblue"）;            //设置画布的背景颜色为淡蓝色
$graph->yaxis->title->SetFont（FF_SIMSUN, FS_BOLD）;  //设置Y轴标题的字体
$graph->xaxis->SetPos（"min"）;
$graph->yaxis->HideZeroLabel（）;
```

```
$graph->ygrid->SetFill (true, '#EFEFEF@0.5', '#BBCCFF@0.5');
$a = array ("1月", "2月", "3月", "4月", "5月", "6月", "7月", "8月", "9月",
"10月", "11月", "12月"); //X轴
$graph->xaxis->SetTickLabels ($a);              //设置X轴
$graph->xaxis->SetFont (FF_SIMSUN);             //设置X坐标轴的字体
$graph->yscale->SetGrace (20);
$p1 = new LinePlot ($datay);                     //创建折线图对象
$p1->mark->SetType (MARK_FILLEDCIRCLE);          //设置数据坐标点为圆形标记
$p1->mark->SetFillColor ("red");                 //设置填充的颜色
$p1->mark->SetWidth (4);                         //设置圆形标记的直径为4像素
$p1->SetColor ("blue");                          //设置折线颜色为蓝色
$p1->SetCenter ();                               //在X轴的各坐标点中心位置绘制
折线
$graph->Add ($p1);                               //在统计图上绘制折线
$graph->Stroke ();                               //输出图像
?>
```

本实例的运行结果如图8-10所示。

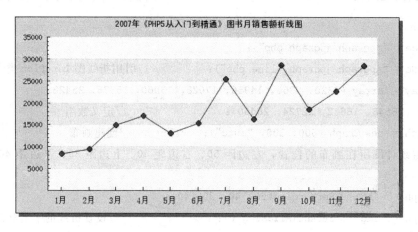

图 8-10　程序运行结果

8.4.6　使用3D饼形图统计各类商品的年销售额比率

饼形图是一种非常实用的数据分析技术，可以清晰地表达出数据之间的关系。在调查某类商品的市场占有率时，最好的显示方式就是使用饼形图，通过饼形图可以直观地看到某类产品的不同品牌在市场中的占有比例。为了突出统计图的效果，下面应用3D饼形图实现图表的统计功能。

【例8.6】本实例使用3D饼形图统计各类商品的年销售额比率。创建3D饼形图的详细步骤如下：（实例位置：光盘\TM\sl\12\6）

（1）使用 include 语句引用 jpgraph ＿ line. php 文件。

（2）绘制饼形图需要引用 jpgraph ＿ pie. php 文件。

（3）绘制 3D 效果的饼形图需要创建 PiePlot3D 类对象，PiePlot3D 类在 jpgraph ＿ line. php 中定义，需要应用 inlcude 语句调用该文件。

（4）定义一个 6 个元素的数组，分别表示 6 种不同的商品类别。

（5）创建 Graph 对象，生成一个 540×260 像素大小的画布，设置统计图所在画布的位置以及画布的阴影。

（6）设置标题的字体以及图例的字体。

（7）设置饼形图所在画布的位置

（8）将绘制的 3D 饼形图添加到图像中。

（9）输出图像。

创建 3D 饼形图的程序完整代码如下：

```
<? php
include ＿ once（"jpgraph/jpgraph. php"）;
include ＿ once（"jpgraph/jpgraph ＿ pie. php"）;
include ＿ once（"jpgraph/jpgraph ＿ pie3d. php"）;        //引用 3D 饼形图 PiePlot3D 对象所在的类文件
$ data = array（266036，295621，335851，254256，254254，685425）;   //定义数组
$ graph = new PieGraph（540，260，'auto'）;                //创建画布
$ graph－＞SetShadow（）;                                //设置画布阴影
$ graph－＞title－＞Set（"应用 3D 饼形图统计 2007 年商品的年销售额比率"）; //创建标题
$ graph－＞title－＞SetFont（FF ＿ SIMSUN，FS ＿ BOLD）;        //设置标题字体
$ graph－＞legend－＞SetFont（FF ＿ SIMSUN，FS ＿ NORMAL）;      //设置图例字体
$ p1 = new PiePlot3D（$ data）;                          //创建 3D 饼形图对象
$ p1－＞SetLegends（array（"IT 数码"，"家电通讯"，"家居日用"，"服装鞋帽"，"健康美容"，"食品烟酒"））;
$ targ = array（"pie3d ＿ csimex1. php? v = 1"，"pie3d ＿ csimex1. php? v = 2"，"pie3d ＿ csimex1. php? v = 3"，
   "pie3d ＿ csimex1. php? v = 4"，"pie3d ＿ csimex1. php? v = 5"，"pie3d ＿ csimex1. php? v = 6"）;
$ alts = array（"val = % d"，"val = % d"，"val = % d"，"val = % d"，"val = % d"，"val = % d"）;
$ p1－＞SetCSIMTargets（$ targ，$ alts）;
$ p1－＞SetCenter（0.4，0.5）;                            //设置饼形图所在画布的位置
$ graph－＞Add（$ p1）;                                   //将 3D 饼形图添加到图像中
$ graph－＞StrokeCSIM（）;                                //输出图像到浏览器
```

？＞

代码的加粗部分是读者需要特别注意的地方，这两行代码分别用于设置标题的字体以及图例的字体。本实例的运行结果如图 8-11 所示。

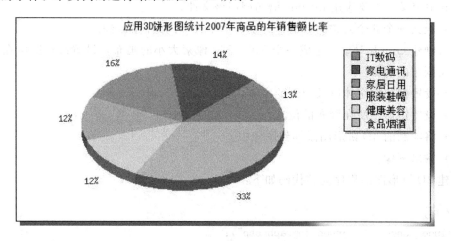

图 8-11　程序运行结果

8.5　难点解答

 ### 8.5.1　JpGraph 中文乱码

JpGraph 生成图片时出现中文乱码是一个常见的问题，使用 JpGraph 前请按照 8.3.2 小节介绍的方法进行相应修改。修改完成后，在输出中文文字前，需要设置文字字体，如 "$graph—＞title—＞SetFont（FF_CHINESE）;"。此外，需要注意设置的字体在 "C：\Windows\Fonts" 路径下必须存在。

 ### 8.5.2　如何使用 JpGraph 的其他图形

使用 JpGraph 除了可以生成折线图、柱状图和饼图外，还可以生成散点图、脉冲图、样条图等等。在使用这些图形前，需要先查看官方手册，手册网址：http://jpgraph.net/download/manuals/chunkhtml/index.html。例如，需要画散点图，在手册中搜索 "Scatter graphs"，单击进入 "Scatter graphs" 手册，在手册中查找相应的示例代码，然后根据个人需求，修改相应代码即可。

8.6　小结

本章首先通过部分篇幅介绍了 GD2 函数库的安装方法，以及应用 GD2 函数创建图像，以使读者对 GD2 函数有一个初步的认识。接着介绍了一个专门用于绘制统计图的类库——Jpgraph。通过讲解 Jpgraph 类库的安装、配置和使用，指导读者熟练使用该类库，它可以将复杂的统计图简单化，在实际的应用中尤为广泛，可以大大缩短程序的开发时间。

8.7　实践与练习

1. 使用柱形图依次统计 2009 年液晶电视、电冰箱的月销量，要求使用 Jpgraph 类库实现，效果如图 8-12 所示。

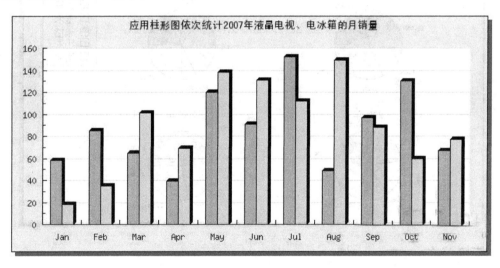

图 8-12　使用柱形图依次统计 2009 年液晶电视、电冰箱的月销量

2. 使用折线图统计 2007 年轿车的月销售额，要求使用 Jpgraph 类库实现，效果如图 8-13 所示。

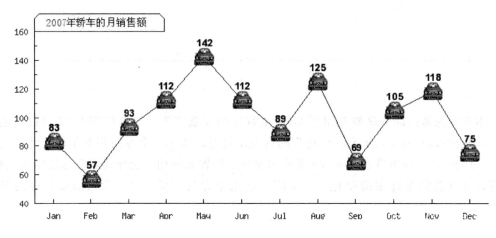

图 8-13   使用折线图统计 2007 年轿车的月销售额

3. 使用饼形图统计 2004 年、2005 年、2006 年、2007 年农产品的产量比率，要求使用 Jpgraph 类库实现，效果如图 8-14 所示。

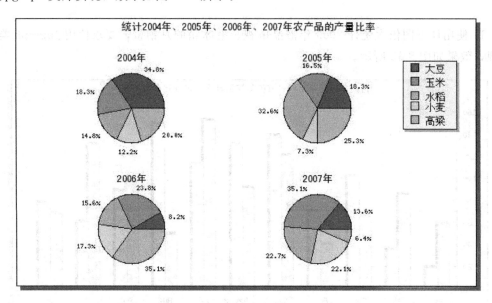

图 8-14   使用饼形图统计各年农产品的产量比率

第9章

文件系统

 ## 9.1　文件处理

在不使用数据库系统的情况下，数据可以通过文件（file）来实现数据的存储和读取。这个数据存取的过程也是 PHP 处理文件的过程。这里涉及的文件是文本文件（text file）。

对于一个文件的"读"或"写"操作，基本步骤如下：

（1）打开文件。

（2）从文件里读取数据，或者向文件内写入数据。

（3）关闭文件。

打开文件的前提是文件首先是存在的。如果不存在，则需要建立一个文件，并且在所在的系统环境中，代码应该对文件具有"读"或"写"的权限。

【例 9.1】以下实例介绍 PHP 如何处理文件数据。在这个实例中需要把客人订房填写的信息保存到文件中，以便以后使用。（实例文件：ch9 \ 9.1. php 和 9.1.1. php）。

（1）PHP 文件同目录下建立一个名称为 booked. txt 的文本文件，然后创建 11.1. php，写入如下代码。

<lDOCTYPE html PUBLIC " - inABciiDTD XHTML l. 0 Transitional//EN"　"http:/A, vww. w3. org/TR/x htmll/　DTD/xhtmll - transitional. dtd" >

<html　xmlns = "http://www. w3. org/1 999/xhtml" >

<HEAD>< meta　http - equiv = "Content - Ty pe" content = "textjhtml; charset = gb2312" /><h2>GoodHome 在线订房表（文件存储）。　</h2></HEAD>

<BODY>

<form action = "11. 2. php" method = "post" >

<table>

<tr bgcoIOF ' #3399FF' >

<td>客户性别：</td>

```
<td>
<select name = "gender" >
  <option value = "m" >男</option>
    <option value = "fI" >女</option>
    </select>
</td>
</tr>
<tr bgcolor = "#3399FF" >
  <td>到达时间: </ld>
<td>
  <select name = "arrivaltime" >
  <option value = "1" >一天后</option>
  <option value = "2" >两天后</option>
  <option value = "3" >三天后</option>
  <option value = "4" >四天后</option>
  <option value = "5" >五天后</option>
  </select>
</td>
</tr>
<tr bgcolor = "#CCCCCC" >
  <td>电 jf : </td>
  <td ><input  type = "text"  na me = "phone"  size = "20"  1> </td >
</tr>
<tr bgcolor = "#3399FF" >
  <td>email: </td>
<td ><input  type = "text"  n a me = "e ma il"  size = "30"  1> </td >
</tr>
<tr bgcolor = "#666666" >
<td align = "center" ><input type = "submit" value = "确认订房信息" /></td>
  </tr>
  </table>
  </form>
</BODY>
```

在 9.1. php 文件的同目录下创建 9.2. php 文件，代码如下。

```
<html>
<head>
<title> </title>
</head>
<body>
```

```
<? php
$ DOCUMENT ROOT = $ _ SERVER [ 'DOCUMENT _ ROOT']
$ customername = trim ( $ _ POST [ 'customername'])
$ gender = $ _ POST [ 'gender' 1;
$ arrivaltime = $ _ POST [ 'arrivaltime'];
$ phone = trim ( $ _ POST [ 'phone' 1);
$ email = trim ( $ _ POST [ 'email' 1);
if ( $ gender = = "mI") {
    $ customer = " 先生":
    } else {
    $ customer = " 女士":
  }
    $ date = "dateCH: i: s Y m d");
    $ string _ to _ beI _ added = $ date " \ t" $ customerna me " W $ customer"
将在 " $ arrivaltime. " 天后到达 \ t 联系电话: " $ phone. " \ t Email: " $ ema
" \ n":
    $ fp = "fopenC' $ DOCUMENT - ROOT/booked. txt", 'ab');
    if (fwrite ( $ fp,  $ string _ to _ be _ added, strlen ( $ string _ to _ be _ added》) {
    echo  $ custo me rna me. " W $ custo mer. ", 您的订房信息已经保存。
我们会通过 email 和电话和您联系。" :
    } else {
    echo "信息存储出现错误。":
    }
    fclose ( $ fp);
? >
</body>
</html>
```

运行 9.1. php 文件，最终效果如图 9-1 所示。

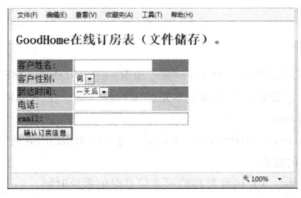

图 9-1　程序运行结果

（2）在表单中输入数据，"客户姓名"为"李莉莉"、"到达时间"为"三天后"、"电话"为"159××××266"。单击"确认订房信息"按钮，浏览器会自动跳转到 form-filehandler.php 页面，并且同时把数据写入"booked.txt"。如果之前没有创建"booked.txt"文件，PHP会自动创建。程序运行结果如图 9-2 所示。

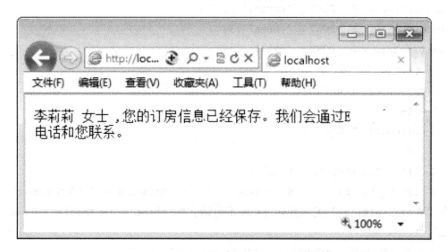

图 9-2   程序运行结果

连续写入几次不同的数据，保存到 booked.txt 中。用写字板打开 booked.txt，运行结果如图 9-3 所示。

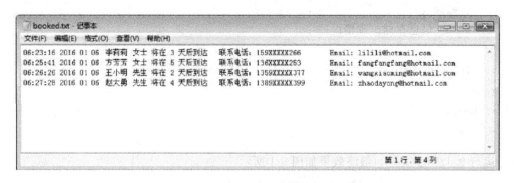

图 9-3   程序运行效果

案例分析

（1）其中，$DOCUMENT ROOT=$_SERVER['DOCUMENT_ROOT']；通过使用超全局数组 $_SERVER 来确定本系统文件根目录。在 Windows 桌面开发环境中的目录是 c：/wampiwwwi。

（2）$customername. $arrivaltime. $phone 为 form4tile.html 通过 POSTi 法给 form-filehandler.php 传递的数据。

（3）$date 为用 date() 函数处理的写入信息时的系统时间。

（4）$string_to_be_added 是要写入 booked.txt 文件的字符串数据。它的格式是通过"\t"和"\n"完成的。"\t"是tab，"\n"是换新行。

（5）＄fp＝fopen（"＄DOCUMENT ROOT/booked. txt"，'ab'）：是fopen（）函数打开文件并赋值给变量＄fpo，fopen（）函数的格式是fopen（"Path"，'Parameter'）。其中，"＄DOCUMENT ROOT/booked. txt"是路径（Path），ab是参数（Parameter）。ab中的a是指在原有文件上继续写入数据，b则是规定了写入的数据是二进制（binaW）的数据模式。

（6）fwrite（＄fp，＄string_to_be_added，strlen（＄string_to_be_added）；是对已经打开的文件进行写入操作。strlen（＄string_to_be_added）是通过strlen（）函数给出所要写入字符串数据的长度。

（7）写入操作完成之后，用fclose（）函数关闭文件。

9.2 目录处理

在PHP中，利用相关函数可以实现对目录的操作。常见目录操作函数的使用方法和技巧如下。

该函数主要用于获取当前的工作目录，返回的是字符串。下面举例说明此函数的使用方法。

【例9.2】示例代码如下（实例文件：ch9\9.4php）。

```
<html>
<head>
<title>获取当前工作目录</title>
<mead>
<body>
<? php
  ＄dl = getcwd ();    //获取当前路径
  echo getcwd0;    //输出当前目录
7>
</body>
</html>
```

程序运行结果如图9-5所示。

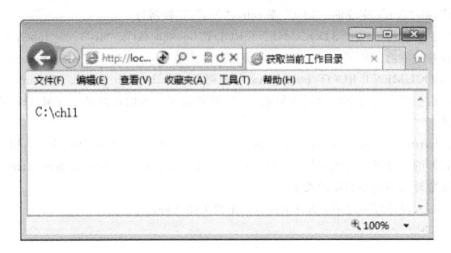

图 9-5　程序运行结果

返回一个 array，包含 directory 中的文件和目录。如 directory 不是一个目录，则返回布尔值 FALSE，并产生一条 E_WARNING 级别的错误。默认情况下，返回值是按照字母熟顺序升序排列的。如果使用了可选参数 sortincLorder（设为 1），则按照字母顺序降序排列。

下面举例说明此函数的使用方法。

【例 9.3】示例代码如下（实例文件：ch9 \ 9.5. php）。

【例 9.4】示例代码如下（实例文件：ch9 \ 9.5. php）。

```
<html>
<head>
<title>获取当前工作目录中的文件和目录</title>
</head>
<body>
<? php
    $ dir = 'd:/ch11';:,  //定义指定的目录
    $ filesl = scandir ( $ dir);  //列出指定目录中的文件和目录
    $ files2 = scandir ( $ dir, 1);
    pknt _ r ( $ filesl);  //输出指定目录中的文件和目录
    pknt _ r ( $ files2);
? >
</body>
</html>
```

程序运行结果如图 9-6 所示。

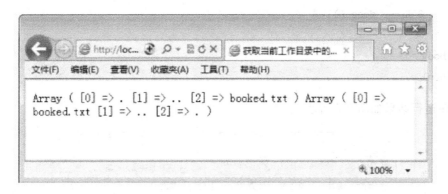

图 9-6　程序运行结果

此函数模仿面向对象机制，将指定的目录名转换为一个对象并返回，使用说明如下。

```
dass dir {
dir ( string directory
string path
resource handle
stnng read ( void )
void rewind ( void )
void dose ( void )
}
```

其中，handle 属性含义为目录句柄、path 属性的含义为打开目录的路径、函数 read
（void）的含义为读取目录、函数 rewind（void）的含义为复位目录、函数 close（void）的
含义为关闭目录。

下面通过实例说明此函数的使用方法。

【例 9.5】示例代码如下（实例文件：ch9 \ 9.6. php）。

```
<html>
<head>
<title>将目录转换为对象</title>
</head>
<body>
<? php
    $ d2 = dir ( "d:/ch9");      //定义目录
      echo "Handle：" . $ d2 ->handle. "<br/> \ n"://输出目录句柄
      echo "Path：" . $ d2 ->path. "<br/> \ n"; //输出目录的路径
while (false l = = ( $ entry = $ d2 ->read ()) {
      echo $ entry. "<br/> \ n";
    }
```

```
        $ d2 - >dose ();
    ? >
</body>
</html>
```

程序运行结果如图 9-7 所示。

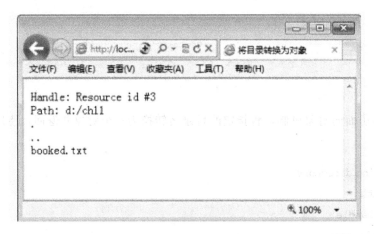

图 9-7   程序运行结果

此函数将 PHP 的当前目录改为 directory. 如果成功就返回 true 失败则返回 false。下面举例说明此函数的使用方法。

【例 9.6】示例代码如下（实例文件：chll \ 9－7. php）。

```
<html>
<head>
<title>将当前目录修改 directory<, title>
</head>
<body>
<? php
if (e hdir ( "d:/ch11") Xecho "当前目录更改为：d:/chll<br, >":
} else {
echo "当前目录更改失败了";
}
? >
</body>
</html>
```

程序运行结果如图 9-8 所示。

图 9-8 程序运行结果

5. void closedir（resource dri－handle）

此函数主要是关闭由 dir _ handle 指定的目录流，另外目录流必须已经被 opendir（）所打开。

6. resource opendir（string path）

此函数返回一个目录句柄，其中 path 为要打开的目录路径。如果 path 不是一个合法的目录或者因为权限限制或文件系统错误而不能打开目录，则返回 false 并产生一个 E WARNING 级别的 PHP 错误信息。

如果不想输出错误，可以在 opendir0 前面加上 "@" 符号。

【例 9.7】示例代码如下（实例文件：ch9 \ 9.8. php）。

```
<html>
<head>
<title> </title>
</heacb
<body>
<? php
$ dlr = 'd:/chl l/';
//打开一个目录，然后读取目录中的内容
if（is _ dir（$ dir》｛
if（$ dh = opendr（$ dir》（
while（（$ file = readdir（$ dh))! = = false) {
print "filename：$ file：filetype：" fletype（$ dir. $ file "\ n"：
}
  dosedir（$ dh);
}
}
? >
```

```
</body>
<html>
```

程序运行结果如图 9-9 所示。

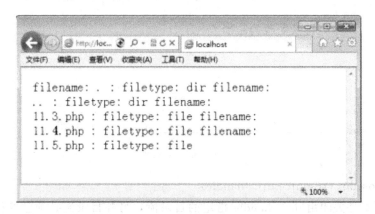

图 9-9　程序运行结果

其中，is _ dir（）函数主要判断给定文件名是否是一个目录 readdir（）函数从目录句柄中读取条目，closedir（）函数关闭目录句柄。

该函数主要是返回目录中下一个文件的文件名。文件名以在文件系统中的排序返回。

【例 9.8】示例代码如下（实例文件：chllV l. 9. php）。

```
<head>
<title> </title>
</head>
<body>
<? php
ll 注意在 4. 0. 0 - RC2 之前不存在 "l = = " 运算符
if ( $ handle = opendir ( 'd:/chl l'》 {
  echo "Directory handle: $ handle \ n";
  echo "Files: \ n";
  / '这是正确遍历的目录方法' /
  while (false b = ( $ file = readcbr ( $ handle》) (
    echo " $ file \ n";
)
dosedir ( $ handle);
)
? >
</body>
  </html>
```

程序运行结果如图 9-10 所示。

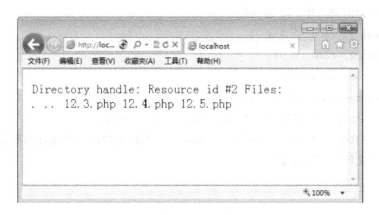

图 9-10 程序运行结果

在遍历目录时，有的读者会写出下面错误的遍历方法。

```
* 这是错误的遍历目录的方法 *
while ( $ file = readdir ( $ handle)) /
  Echo " $ file \ n":
}
```

9.3 文件上传

在网络中用户可以上传自己的文件。实现这种功能的方法有很多，用户把一个文件上传到服务器，需要在客户端和服务器端建立一个通道传递文件的字节流，并在服务器中进行上传操作。下面介绍一种代码最少并且容易理解的方法。

【例 9.9】下面的实例主要讲述如何实现文件的上传功能，具体操作步骤如下：（实例文件：ch9 \ 9. l0. php 和 9. l0. l. php）

首先创建一个实现文件上传功能的文件。为了设置保存上传文件的路径，用户需要在创建文件的目录下新建一个名称为 file 的文件夹。然后新建 11. 10. 1. php 文件，代码如下。

```
<html>
<head>
<title>实现上传文件</title>
</head>
<body>
<? php
```

```php
if ( $ _ POST [add1 = = "上传") {
//根据现在的时间产生一个随机数
        $ rand1 = rand (0.9);
        $ rand2 = rand (0.9);
        $ rand3 = rand (0.9);
    $ filename = dateC "Ymdhms") . $ rand1 . $ rand2. $ rand3;
        if (empty ( $ _ FILES [ "file _ name" l [ 'name1') {
    // $ _ FILES [ 'riie _ name'] [ 'name' ] 为获取客户端机器文件的原名称
        echo "文件名不能为空",
exit;
)
        $ oldfilename = $ _ FILES [ 'file _ name'] [ 'name'];
        echo "k br/>原文件名为:" $ oldfilename;
    $ filetype = substr ( $ oldfilename. strrpos ( $ oldfilename. ".") . strlen ( $
oldfilename) - strrpos ( $ oldfilename, ""));
        echo "<br, >原文件的类型为:" $ filetype;
if ( $ filetype1 = '. doc') && ( $ filetype1 = '. xls') && ( $ filetype1 = '. DOC') &&
( $ filetypeldXLS)) {
        echo "<script>alert ( '文件类型或地址错误'): <, script>";
        echo "<se ript>locafon. href = '1 1 3 php'; </se ript>";
    exit;
        }
        echo kbr/>上传文件的大小为 (字节): " $ _ FILES [ 'fle _ name'] [ '
size'];
    // $ _ FILESrfle _ name'] c 'size'] 为获取客户端机器文件的大小,
单位为 B
        if c $ _ FILESrtile _ name'] [ 'size'] >1000000) {
        echo 'kscript>aler 文件太大，不能上传'); </script>";
        echo   'kscript>location. h ref = ' 1 1 3 php"; </script>";
        exit;
        }
echo kbr/>文件上传服务器后的临时文件名为:  " $ _ FILESc 'file _ name'] rtmp _
name'];
        //取得保存文件的临时文件名 (含路径)
        $ filename = $ filename $ filetype;
        echo" <br/>新文件名为:" $ file na me:
        $ savedir = " filef '. $ filename;
        if (move _ uploadedjle ( $ _ FILES ['fle _ name'] ['tmp _ name'], $ savedir》 {
```

```
    $ file _ name = basename ( $ savedir );        //取得保存文件的文件名（不合路径）
echo" <br/>文件上传成功！保存为:" $ savedir;
) else {
echo" <script language = javascript>";
echo" alert（´错误，无法将附件写入服务器1\ n本次发布失败´)";";
    echo" location. href = ´11 . 3. php?´;"
    echo" </script>":
    exit;
    )
    )
    tl>
    </body>
    </html>
```

代码分析如下：

（1）需要首先创建变量，设定文件的上传类型、保存路径和程序所在路径。

（2）实现自定义函数获取文件后缀名和生成随机文件名。在上传过程中，如果上传了大量的文件，可能会出现文件名称重复的现象，所以本实例在文件上传的过程中首先获取上传文件的后缀名称，并结合随机产生的数字生成一个新的文件，避免文件名称重复。

（3）判断获取的文件类型是否符合指定类型，如果文件名称符合，就为该文件生成一个具有随机性质的名称，并使用 move _ uploaded _ file 函数完成文件的上传，否则显示提示信息。

下面创建一个获取上传文件的页面。创建文件 11. 10. php 代码如下。

```
<html>
<head>
<title>上传件</title>
    </head>
        <h3 align = "center">上传件</h3>
        <fo rm   method = "post"   action = "1 1 .1 0 .1 . php" enctype = "multipart/fo
rm - data">
        <table border = 0 cellspacing = 0 cellpadding = 0 align = center width =
            <tr>
                <td height = "16">
                <input name = "fle" tVPe = "file"   value = "浏览">
        <input type = " submit " value = "上传" name = "B1 ">
            </td>
        </tr>
    </table>
```

```
        </form>
      </body>
      </html>
```

其中，＜form　method＝"post"　action＝"9.10.1.php"

enctype＝"multipalt/form－data"＞语句中 method 属性表示提交信息的方式是 post，即采用数据块，action 属性表示处理信息的页面为 11.10.1.php，enctype＝"multipart/form－data"表示以二进制的方式传递提交的数据。

运行结果如图 9-11 所示。单击"浏览"按钮，即可选择需要上传的文件，最后单击"上传"按钮即可实现上传操作。

图 9-11　程序运行结果

 9.4　文件下载

从网上下载了文件，打开后却发现根本不是自己想要的，这种赔了时间又一无所得的悲怆，简直可与三国时"周郎妙计安天下，赔了夫人又折兵"相比。其实要想避免这种悲剧也简单，我们只需在下载前提前预览一下文件内容即可。

 9.4.1　邮件附件，轻松预览

目前许多邮箱都提供了附件预览功能，利用它我们可很容易知道某邮件的附件是不是自己想要的，是否值得下载到本地保存，以 QQ 邮箱为例。

登录 QQ 邮箱页面，进入收件箱打开带附件的邮件，然后在邮件页面的下方，单击

"附件"栏中的"预览"按钮。如果我们查看的附件为 Office 文档、PDF 或图片格式，那么其中的内容将会直接呈现；如果要查看的附件为压缩文件，QQ 邮箱会在一个新页面中显示出压缩包中包含的文件，如果这些文件的类型为 Office 文档、PDF 或图片的话，我们可以用上面介绍的方法，继续点击这些文件，预览其中的内容。

9.4.2 网盘文件，提前弄清

网盘中含有海量的由其他网友共享出来的文件资源，不过，这些资源有的是"驴唇不对马嘴"、"挂羊头卖狗肉"，有的品质未知，让人无法放心下载。其实，如果你是迅雷用户且习惯于从迅雷方舟（以前的迅雷网盘）中下载文件的话，完全可以借助于其提供的预览和云解压功能，提前看清这些文件的真面目。

启动迅雷，在其主界面的左侧点击展开"我的应用"项，选择"迅雷方舟"，相应的网盘资源即会显示在右侧。在这里，我们可以根据自己的需要，选择要下载的文件类型（如：电视、动漫、游戏和学习等），来寻找自己心仪的资源，也可以在上方的搜索框中输入文件名称来查找资源。

资源找到后，如果它是文档、PDF、图片或音乐等单个文件，我们只需单击它，即可方便地预览到其中的内容。满意后，可通过单击右上方的"下载"按钮进行下载。

如果要预览的是一个压缩文件，可以单击"云解压"按钮，这时，压缩包中包含的文件就会出现，再用上面的方法进行预览即可。

9.4.3 其他文件，也莫放过

除了邮件附件和网盘文件，我们还经常在网站中下载其他文件。如果这些文件中有若干是压缩文件，那么，我们是否有办法预览一下其中的内容，甚至只下载该包中一个或一部分文件呢？答案是肯定的，我们可以利用 LoadScout 来达到目的（下载地址：http://www.loadscout.com/download.shtml）。

LoadScout 支持预览 Ftp、Http 以及本地的 Zip 和 Rar 类型的压缩文件。安装后启动程序，单击工具栏中的 Open URL（打开 URL）按钮，打开相应的对话框，将要下载的压缩文件所在的网址复制粘贴到第一个文本框中。如果该地址有效，那么软件会自动将下面的 Protocol（协议）、Host（主机）和 Port（端口）三项配置好。如果该服务器需要身份验证，则应取消对 Anonymous login（匿名登录）项的勾选，并在 User 和 Password 文本框中输入用户名及密码。设置完毕，单击 OK 按钮，返回主界面。

软件会自动下载、分析压缩包包含的文件，并在分析完毕后将包含的文件显示在界面右侧。如果预览结果满意，只需单击工具栏中的 Download（下载）按钮，将整个文件下载回来即可。如果你不想下载全部文件，只想下载压缩包中的某个文件，可以选中该文件，然后单击 Extract（提取）按钮，程序就会自动提取该文件，然后将其下载到本地。

9.5　难点解答

　　file（1）函数和 file _ get _ contents（）函数的作用都是将整个文件读入某个介质，其主要区别就在于这个介质的不同。file（c）函数是将文件读入一个数组中，而 file—get — contents（1）是将文件读入一个字符串中。file（c）函数是把整个文件读入一个数组中，然后将文件作为一个数组返回。数组中的每个单元都是文件中相应的一行，包括换行符在内。如果失败，则返回 false。file _ get _ contents（c）函数是将文件的内容读入到一个字符串中的首选方法。

 ## 9.6　小结

　　本章首先介绍对文件的基本操作，然后学习目录的基本操作，接下来学习文件的高级处理技术，最后又学习 PHP 的文件上传技术，这是一个网站必不可少的组成部分。希望读者能够深入理解本章的重点知识，牢固掌握常用函数，为深入学习 PHP 大好基础。

 ## 9.7　实践与练习

　　1. 通过文本文件统计页面访问量。
　　2. 控制上传文件大小。

第10章

面向对象

10.1 面向对象的基本概念

在面向对象程序设计中，类是一个抽象化的概念，而对象是该类的实例化。因为类是抽象的，所以类是不占用内存空间的，而对象是实例，所以对象一旦建立就要调用构造函数为其属性和方法分配所占用的内存空间。类是用于创建对象的蓝图，它是一个定义包括在特定类型的对象中的方法和变量的软件模板。

 10.1.1 面向对象程序教学现状

面向对象程序设计的思想，是软件技术这个专业针对学生培养的重要素质之一。尤其是在高职高专教育的课程体系里面，面向对象程序设计这门课程在各个高校里面一直都位于举足轻重的位置。

在众多的高等职业教育里面，计算机软件体系的课程，尤其是针对软件开发这一体系的课程基本都是先学程序设计基础，然后开设面向对象程序设计，笔者通过多年的教学经验得知，学生们在学习程序设计基础这门基础课程的时候比较难以理解对于程序的控制结构，到了学习面向对象程序设计这门课程的时候，对类与对象的理解就更加困难了，尤其是树立类与对象的思想。

 10.1.2 面向对象程序教学内容—类与对象的教学设计

在这门课程的教学当中，如果不让学生树立面向对象的思维，那么学生就很难进入本门课程的学习，学习尤其要注重理解性记忆，如果全靠死记硬背把概念记住，是不可能深入学习面向对象的精髓的。本门课程要求学生理解面向对象编程思想，掌握面向对象基本概念、集合框架、多线程、IO以及异常处理，能够运用JDBC开发C/S模式下的中小型数据库应用软件，能够运用JUNIT工具进行单元测试，培养团队协作、交流沟通、自学、抗压能力，提升软件工程规范及编码规范意识。

所以要达到以上目标，就要很好地给同学们树立面向对象程序设计的思想，很多教材都是在第一章第一节讲解类的概念，在第一章第二节讲解对象的概念，这种方式无论是本科的学生还是专科的学生理解起来都是很困难的。所以在做本课程的教学设计时，就应该改变以前传统做法，争取让学生做到易学易懂易做。在这里仅仅以 Java 语言为例说明如何让学生理解类与对象的思想。

首先，按照标准定义给出类和对象的概念。类是对事物的抽象和归纳，是具有相同标准的事物的集合与抽象。对象是由属性（Attribute）和行为（Action）两部分组成的，属性用来描述对象的静态特征，行为用来描述对象的动态特征。这两个概念对于初次接触面向对象这门课程的学生来说是很抽象的，而且是很不容易理解的，所以在讲解的过程中一定要给出让学生容易理解的例子以及代码，帮助学生理解这个概念，而不是一味地去灌输这个抽象的概念。在讲解这个概念的时候也要尽可能用简单通俗的语言，也就是要把抽象问题具体化，复杂问题简单化。比如给出如下两个简单的例子，来帮助学生理解类与对象的概念以及它们之间的联系。

```
class Person { public class UsePerson {
String name; public static void main (String [] args) {
int age; Person zhangsan = new Person ();
String sex; zhangsan. name = "张三";
public void show () { zhangsan. age = 18;
System. out. println ("姓名:" + this. name); zhangsan. sex = "男";
System. out. println ("年龄:" + this. age); zhangsan. show ();
System. out. println ("性别:" + this. sex); }
} } }
}
```

对比以上两段代码，左边这段代码着重培养学生们面向对象的思维，帮助学生理解"类"这一个非常抽象的概念，这样就把"人类"这个非常抽象的概念用代码加以具体化，让学生们更好地理解和掌握，"人类"就是一个抽象化的概念，它把人类所共有的特点以及人类的一些共同的动作行为封装在了一对大括号里面，所以说"类"是属性和方法的集合。右边这段代码用以帮助学生理解对象这个概念，"对象"就是对类进行实例化，在这个例子里面，"张三"就是人类的一个具体实际的例子，也是学生们用眼睛能够观察体会到的实体，也就是对"人类"进行的实例化。这两段代码详细解释了"类"是一个抽象化的概念，而"对象"是该类的一个实体。所以在讲解这两个概念的时候，要改进以前的方式方法，不能为了概念而一味地去给学生灌输概念，更不能把"类"和"对象"这两个概念分开分步骤讲解，而是要把这两个有着紧密联系的概念放在一起讲解。

 10.1.3 教学设计的小结

以这样的方式对面向对象程序设计里两个重要的概念进行理解，同时也让学生树立了面向对象程序设计的思想，那么在后续的课程里，让学生学习类的三大特征：封装性、继承性、多态性，也就更加减单。让学生深入地学习这门课程也变便得更加简单了。

10.2 PHP 与对象

10.2.1 PHP 与面向对象

在面向对象的程序设计（英语：Object－oriented programming，缩写：OOP）中，对象是一个由信息及对信息进行处理的描述所组成的整体，是对现实世界的抽象。

在现实世界里我们所面对的事情都是对象，如计算机、电视机、自行车等。

对象的主要三个特性有如下几个。

（1）对象的行为：可以对对象施加操作，包括开灯、关灯等。

（2）对象的形态：当施加行为时对象如何响应，有颜色，尺寸，外型等。

（3）对象的表示：对象的表示就相当于身份证，具体区分在相同的行为与状态下对象有什么不同。

比如 Animal（动物）是一个抽象类，我们可以具体到一只狗跟一只羊，而狗跟羊就是具体的对象，它们有颜色属性，包括可以写、可以跑等行为状态。

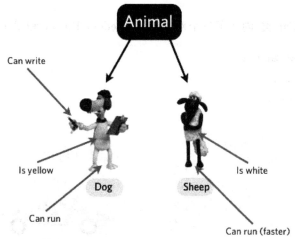

面向对象的具体内容如下。

（1）类，定义了一件事物的抽象特点。类的定义包含了数据的形式以及对数据的操作。

（2）对象，是类的实例。

（3）成员变量，定义在类内部的变量。该变量的值对外是不可见的，但是可以通过成员函数访问，在类被实例化为对象后，该变量即可称为对象的属性。

（4）成员函数，定义在类的内部，可用于访问对象的数据。

（5）继承，继承性是子类自动共享父类数据结构和方法的机制，这是类之间的一种关系。在定义和实现一个类的时候，可以在一个已经存在的类的基础之上来进行，把这个已经存在的类所定义的内容作为新类的内容，并加入若干新的内容。

（6）父类，一个类被其他类继承，可将该类称为父类、基类、或超类。

（7）子类，一个类继承其他类。可称其为子类，也可称其为派生类。

（8）多态，多态性是指相同的函数或方法可作用于多种类型的对象上并获得不同的结果。不同的对象，收到同一消息可以产生不同的结果，这种现象称为多态性。

（9）重载，简单来说，重载就是函数或者方法有同样的名称，但是参数列表不相同的情形，这样的同名不同参数的函数或者方法之间，互相称之为重载函数或者方法。

（10）抽象性，抽象性是指将具有一致的数据结构（属性）和行为（操作）的对象抽象成类。一个类就是这样一种抽象，它反映了与应用有关的重要性质，而忽略其他一些无关内容。任何类的划分都是主观的，但必须与具体的应用有关。

（11）封装，封装是指将现实世界中存在的某个客体的属性与行为绑定在一起，并放置在一个逻辑单元内。

（12）构造函数，构造函数主要用来在创建对象时初始化对象，即为对象成员变量赋初始值，总与 new 运算符一起使用在创建对象的语句中。

（13）析构函数，析构函数（Destructor）与构造函数相反，当对象结束其生命周期时（例如对象所在的函数已调用完毕），系统自动执行析构函数。析构函数往往用来做"清理善后"工作（例如在建立对象时用 new 开辟了一片内存空间，应在退出前在析构函数中用 delete 释放）。

图 10-1 中通过 Car 类 创建了三个对象：Mercedes，Bmw，和 Audi。

```
$ mercedes = new Car ();
$ bmw = new Car ();
$ audi = new Car ();
```

图 10-1　通过 Car 类创建三个对象

10.2.2　PHP 类定义

PHP 定义类的语法格式如下：

```php
<? php
class phpClass {
    var $ var1；
    var $ var2 = "constant string"；
    function myfunc ( $ arg1，$ arg2) {
        [..]
    }
    [..]
}
? >
```

解析如下：

类使用 class 关键字后加上类名定义类；

类名后的一对大括号"{}"内可以定义变量和方法；

类的变量使用 var 来声明，变量也可以初始化值；

函数定义类似于 PHP 函数的定义，但函数只能通过该类及其实例化的对象访问。

实例代码如下。

```php
<? php
class Site {
    /* 成员变量 */
    var $ url；
    var $ title；
    /* 成员函数 */
    function setUrl ( $ par) {
        $ this->url = $ par；
    }
    function getUrl () {
        echo $ this->url.PHP _ EOL；
    }
    function setTitle ( $ par) {
        $ this->title = $ par；
    }

    function getTitle () {
        echo $ this->title.PHP _ EOL；
```

```
    }
}
?>
```

解析如下：

变量 $this 代表自身的对象。

PHP_EOL 为换行符。

类创建后，可以使用 new 运算符来实例化该类的对象：

```
$runoob = new Site;
$taobao = new Site;
$google = new Site;
```

以上代码创建了三个对象，三个对象各自都是独立的，接下来来看看如何访问成员方法与成员变量。

在实例化对象后，可以使用该对象调用成员方法，该对象的成员方法只能操作该对象的成员变量，示例代码如下：

```
// 调用成员函数，设置标题和 URL
$runoob->setTitle（"菜鸟教程"）;
$taobao->setTitle（"淘宝"）;
$google->setTitle（"Google 搜索"）;
$runoob->setUrl（'www.runoob.com'）;
$taobao->setUrl（'www.taobao.com'）;
$google->setUrl（'www.google.com'）;
// 调用成员函数，获取标题和 URL
$runoob->getTitle（）;
$taobao->getTitle（）;
$google->getTitle（）;
$runoob->getUrl（）;
$taobao->getUrl（）;
$google->getUrl（）;
```

完整代码如下：

```
<?php
class Site {
    /* 成员变量 */
    var $url;
    var $title;
    /* 成员函数 */
```

```
function setUrl ( $ par) {
    $ this - >url = $ par;
}
function getUrl () {
    echo $ this - >url . PHP _ EOL;
}
function setTitle ( $ par) {
    $ this - >title = $ par;
}
function getTitle () {
    echo $ this - >title . PHP _ EOL;
}
}
$ runoob = new Site;
$ taobao = new Site;
$ google = new Site;
// 调用成员函数，设置标题和 URL
$ runoob - >setTitle ("菜鸟教程");
$ taobao - >setTitle ("淘宝");
$ google - >setTitle ("Google 搜索");
$ runoob - >setUrl ('www. runoob. com');
$ taobao - >setUrl ('www. taobao. com');
$ google - >setUrl ('www. google. com');
// 调用成员函数，获取标题和 URL
$ runoob - >getTitle ();
$ taobao - >getTitle ();
$ google - >getTitle ();
$ runoob - >getUrl ();
$ taobao - >getUrl ();
$ google - >getUrl ();
? >
```

执行以上代码，输出结果为：

菜鸟教程

淘宝

Google 搜索

www. runoob. com

www. taobao. com

www. google. com

10.3　面向对象的高级应用

10.3.1　PHP 面向对象之 instanceof 关键字的用法

instanceof 是 PHP5 中新增的关键字，它的作用有 2 个：①判断一个对象是否是某个类的实例；②判断一个对象是否实现了某个接口。

instanceof 语句的一般格式为：

ObjectName instanceof ClassName

1) 判断一个对象是否是某个类的实例

此示例中首先创建一个父类，再创建一个子类去继承父类。实例化子类对象，然后去判断对象是不是属于子类，再判断是不是属于父类。

```php
<? php
header ( "content - type: text/html; charset = utf - 8");
class Itbook {
}
class phpBook extends Itbook {
private $ bookname;
}
 $ phpbook = new phpBook ();
if ( $ phpbook instanceof phpBook) {
echo ' $ phpbook 属于 phpBook 类<br/>';
}
if ( $ phpbook instanceof Itbook) {
echo ' $ phpbook 属于 Itbook 类';
}
```

2) 判断一个对象是否实现了某个接口

示例代码如下：

```php
interface ExampleInterface
{
public function interfaceMethod ();
}
class ExampleClass implements ExampleInterface
{
```

```
public function interfaceMethod ()
{
return 'php 中文网';
}
}
$ exampleInstance = new ExampleClass ();
if ( $ exampleInstance instanceof ExampleInterface) {
echo '我在 php 中文网';
} else {
echo '你也一起来吧';
}
```

代码解读：

先创建一个接口类 ExampleInterface，定义方法，再创建一个子类接口，定义方法。接着实例化接口，然后判断。此法与第一种用法相差不大，只是关键字有变化，其他没有变化。

 ## 10.3.2　PHP 面向对象之对象比较用法详解

通过克隆可以理解 $a = $b 和 $a = clone $b 的意思。但是在实际应用中有时需要判断两个对象之间的关系是克隆还是引用，这时可以使用比较运算符 "＝＝" 和全等运算符 "＝＝＝"。

当使用比较运算符 (＝＝) 比较两个对象变量时，比较的原则是：如果两个对象的属性与属性值都相等，而且两个对象是同一个类的实例，那么这两个对象的变量相等。

如果使用全等运算符 (＝＝＝)，这两个对象变量一定要指向某各类的同一个实例（即同一个对象），才为相等的。

下面看个一般示例代码：

```
<? php
header ( "content - type：text/html；charset = utf - 8");
class Dog {
public $ type;
public $ age;
function _ _ construct ( $ type, $ age)
{
$ this - >type = $ type;
$ this - >age = $ age;
}
}
$ dog1 = new Dog ( '二哈', '2');
```

```
$ dog2 = new Dog（'二哈'，'2'）;
if（$ dog1 = = $ dog2）{
echo '<br/> $ dog1 = = $ dog2';
}
if（$ dog1 = = = $ dog2）{
echo '<br/> $ dog1 = = = $ dog2 ';
} else {
echo '<br/>它们不能全等';
}
echo '<hr/>';
$ dog3 = $ dog1;
if（$ dog1 = = $ dog3）{
echo '<br/> $ dog1 = = $ dog3';
}
if（$ dog1 = = = $ dog3）{
echo '<br/> $ dog1 = = = $ dog3 ';
} else {
echo '<br/>它们不能全等';
}
```

代码解读：

首先创建了"Dog"类，在类中定义属性种类和年龄，创建构造函数。接着实例化两个一模一样的类 $ dog1 和 $ dog2，然后把这两个实例化的类做比较。首先用比较运算符"=="。首先判断，$ dog1 和 $ dog2 的属性和属性值都是相等的，其次它俩都是同一个类 Dog 类的实例化结果，那么结果就是，$ dog1 == $ dog2。但是接下来要判断 $ dog1 === $ dog2 是否成立？由于全等运算符（===）这两个对象变量一定要指向某个类的同一个实例（即同一个对象）时才成立，因此 $ dog1 和 $ dog2 是两个实例，不是同一个，所以此语句不成立。再加个条件 $ dog3 = $ dog1 然后用同样的方法进行对象的比较和判断，看看是否成立。

 10.3.3 php 面向对象之对象克隆方法

通过前面的学习已经知道，使用传址引用的方式调用对象，实质上调用的是同一个对象。而有时需要建立一个对象的副本，改变原来的对象时不希望影响到副本。此时可以根据现在的对象来克隆出一个完全一样的对象，克隆出来的副本和原本两个对象完全独立而互不干扰。

下面举个简单的例子来看一下克隆的用法：

```
<? php
header（"content - type：text/html；charset = utf - 8"）;
```

```php
class Character {                              //定义一个角色类
public $ name;
protected $ location;
function _ _ construct ( $ name , $ location)      //创建构造函数
{
$ this ->name = $ name;
$ this ->location = $ location;
}
function play () {                             //创建方法
echo '我要玩'.  $ this ->name. $ this ->location;
}
}
$ character1 = new Character ('亚索','中单');          //实例化一个类
$ character2 = clone $ character1;               //将实例化的类再克隆出来一个
$ character1 ->play ();
```
//调用方法执行
```php
echo '<br/>';
$ character2 ->play ();
```

上述实例的运行结果都是"我要玩亚索中单"。

上面说到克隆的副本和原本完全独立而互不干扰，这句话又是什么意思呢？

还是上面的实例，只是稍微发生点变动，示例代码如下。

```php
<? php
header ( "content - type：text/html; charset = utf - 8");
class Character {                              //定义一个角色类
public $ name;
public $ location;
function _ _ construct ( $ name , $ location)      //创建构造函数
{
$ this ->name = $ name;
$ this ->location = $ location;
}
functi onplay () {                             //创建方法
echo '我要玩'.  $ this ->name. $ this ->location;
}
}
$ character1 = new Character ('亚索','中单');    //实例化一个类
$ character2 = clone $ character1;
```

```
$ character2 - >location = '上单';
$ character1 - >play ();                              //调用方法执行
echo '<br/>';
$ character2 - >play ();
```

上述实例的运行结果是"我要玩亚索中单"和"我要玩亚索上单"。

由上例可以看出克隆出来的副本和原本两个对象完全独立而互不干扰。

很多时候我们不单要去克隆一个对象，还要让对象拥有自己的属性和方法。那么就要在类中创建一个＿＿clone方法。这个方法类似于构造函数和析构函数，因为不能直接调用它。

还是以上面的实例为例，稍微变动：

```
<? php
header ( "content - type: text/html; charset = utf - 8");
class Character {                                      //定义一个角色类
public $ name;
public $ location;
function _ _ construct ( $ name , $ location)        //创建构造函数
{
$ this - >name =  $ name;
$ this - >location =  $ location;
}
function _ _ clone () {
$ this - > location = '上单';
}
Function play () {                                     //创建方法
echo '我要玩'.   $ this - >name. $ this - >location;
}
}
$ character1 = new Character ('亚索','中单'); //实例化一个类
$ character2 = clone $ character1;
$ character1 - >play ();                               //调用方法执行
echo '<br/>';
$ character2 - >play ();
```

＿＿clone方法的一个很好的特性就是在使用默认行为创建一个副本之后能够被调用，这样在这个阶段就可以只改变希望改变的内容。

在clone方法中添加的最常见的功能就是确保作为引用进行处理的类属性能够正确的复制。如果要克隆一个包含对象引用的类，可能需要获得该对象的第二个副本，而不是该

对象的第二个引用，这就是为什么要在 _ _ clone 方法中添加该代码的原因。

 ## 10.4 面向对象的应用—中文字符串的截取类

 ### 10.4.1 PHP 截取 utf-8 格式的字符串实例代码

PHP 中经常需要截取字符串。其中英文字符占用一个字节，中文字符占用两个字节，但中文字符占用两个字节是相对于 GBK 编码而言的，在时下国际流行的 UTF8 编码中，一个中文字符占用 3 个字节。这里向大家介绍一个 PHP 截取 utf-8 格式字符串的函数，示例代码如下：

```php
function truncate_utf8_string ( $ string, $ length, $ etc = '...') {
    $ result = '';
    $ string = html_entity_decode ( trim ( strip_tags ( $ string ) ), ENT_QUOTES,
'UTF-8');
    $ strlen = strlen ( $ string );
    for ( $ i = 0; ( ( $ i < $ strlen) && ( $ length > 0)); $ i + +) {
    if ( $ number = strpos ( str_pad ( decbin ( ord ( substr ( $ string, $ i, 1 ) ) ), 8,
'0', STR_PAD_LEFT ), '0' )) {
        if ( $ length < 1.0) {
        break;
        }
        $ result . = substr ( $ string, $ i, $ number );
        $ length -= 1.0;
        $ i += $ number - 1;
        } else {
        $ result . = substr ( $ string, $ i, 1);
        $ length -= 0.5;
        }
        }
        $ result = htmlspecialchars ( $ result, ENT_QUOTES, 'UTF-8');
        if ( $ i < $ strlen) {
        $ result . = $ etc;
        }
        return $ result;
    }
```

如果需要截取 utf－8 格式的字符串，直接调用如下函数即可。

```php
<? php
    $ str = "如果需要截取 utf - 8 格式的字符串，直接调用这个函数即可。";
    echo truncate _ utf8 _ string ( $ str, 10); //输出结果：如果需要截取 utf - 8
格...
? >
```

 10.4.2　PHP 截取中文字符串函数实例

以下实例讲述了使用 php 截取中文字符串函数的过程。示例代码如下：

```php
<? php
//中文字符串截取
function substr _ zh ( $ string, $ sublen, $ start = 0, $ code = 'UTF - 8')    { if
( $ code = = 'UTF - 8') {
        $ pa = "/. [ \ x01 - \ x7f] | [ \ xc2 - \ xdf] [ \ x80 - \ xbf] | \ xe0 [ \ xa0 -
\ xbf] [ \ x80 - \ xbf] | [ \ xe1 - \ xef] [ \ x80 - \ xbf] [ \ x80 - \ xbf] | \ xf0 [ \
x90 - \ xbf] [ \ x80 - \ xbf] [ \ x80 - \ xbf] | [ \ xf1 - \ xf7] [ \ x80 - \ xbf] [ \ x80 -
\ xbf] [ \ x80 - \ xbf] /";
        preg _ match _ all ( $ pa, $ string, $ t _ string);
    if (count ( $ t _ string [0]) - $ start > $ sublen) {
        return join ( '', array _ slice ( $ t _ string [0], $ start, $ sublen)) .
"...";
        //array _ slice () 函数在数组中根据条件取出一段值，参数（数组，开始位置，
[长度]）
        } else {
        return join ( '', array _ slice ( $ t _ string [0], $ start, $ sublen));
        }
        } else {
    $ start = $ start * 2;
    $ sublen = $ sublen * 2;
        $ strlen = strlen ( $ string);
        $ tmpstr = '';
        for ( $ i = 0; $ i< $ strlen; $ i+ +) {
        if ( $ i> $ start && $ i< ( $ start + $ sublen)) {
          if (ord (substr ( $ string, $ i, 1)) >129) {
          //ord ()：返回字符串第一个字符的 ASCII 值
          //substr ()：返回字符串的一部分
          $ tmpstr . = substr ( $ string, $ i, 2);
```

```
        } else {
          $ tmpstr . = substr ( $ string, $ i, 1);
        }
      }
      if (ord (substr ( $ string, $ i, 1)) >129) {
        $ i+ + ;
      }
      if (strlen ( $ tmpstr) < $ strlen) {
        $ tmpstr . = "...";
      }
    }
    return $ tmpstr;
  }
}
$ string = "顶置车顶起困境楹上盯协押畏奇才趄肯困楞右脚可爱有";
echo substr _ zh ( $ string, 10, 0, 'gb2312');
? >
```

 ### 10.4.3　PHP 中使用 substr（） 截取字符串出现中文乱码

在 PHP 程序开发中，经常会执行字符串的截取操作，比如输出信息列表时，标题不宜过长，打印文章摘要时，也要执行一系列的字符串截取操作。遇到这些需求时，经常会使用 substr（）方法来实现，substr（）对全英文字符串的截取是比较适合的。

但字符串只要出现中文字符，就有可能导致 PHP substr 中文乱码，因为中文 UTF−8 编码，每个汉字占 3 字节，而 GB2312 占 2 字节，英文占 1 字节，截取位数不准确，substr（）硬生生地将一个中文字符"锯"成两半，造成断开的字符会把其后的拉过来一起做一个字，所以出现了 PHP substr 中文乱码。

substr 的作用是取得部份字符串，格式如下

string substr (string string, int start [, int length])

说明：

substr（）传回 string 的一部份字符串，由参数 start 和 length 指定。

如果 start 是正数，传回的字符串将会从 string 的第 start 个字元开始。示例代码如下：

```
<? php
$ rest = substr ( "abcdef", 1); // returns "bcdef"
$ rest = substr ( "abcdef", 1, 3); // returns "bcd"
? >
```

如果 start 是负数，传回的字符串将会从 string 结尾的第 start 个字元开始，示例代码如下。

```php
<? php
$ rest = substr（"abcdef", -1); // returns "f"
$ rest = substr（"abcdef", -2); // returns "ef"
$ rest = substr（"abcdef", -3, 1); // returns "d"
? >
```

如果 length 是正数，传回的字符串将会从 start 传回 length 个字元。

如果 length 是负数，传回的字符串将会结束于 string 结尾的第 length 个字元。示例代码如下：

```php
<? php
$ rest = substr（"abcdef", 1, -1); // returns "bcde"
? >
对于英文没有问题，现在测试一个中文
<? php
$ rest = substr（"中国人", 1, -1); // returns "fdsafsda"就是乱码了
? >
```

这种截取字符的结果肯定不是我们想要的，这种出现 PHP substr 中文乱码的情况，可能会导致程序无法正常运行。解决办法主要有以下两种：

（1）使用 mbstring 扩展库的 mb_substr() 截取就不会出现乱码了。

可以用 mb_substr()/mb_strcut() 这个函数，mb_substr()/mb_strcut() 的用法与 substr() 相似，只是在 mb_substr()/mb_strcut 最后要多加入一个参数，以设定字符串的编码，但是一般的服务器都没有打开 php_mbstring.dll，需要 php.ini 把 php_mbstring.dll 打开。

```php
<? php
    echo mb_substr（"php中文字符encode", 0, 4, "utf-8");
? >
```

如果未指定最后一个编码参数，会是三个字节为一个中文，这就是 utf-8 编码的特点，若加上 utf-8 字符集说明，则是以一个字为单位来截取的。

使用的时候要注意 php 文件的编码和网页显示时的编码。使用 mb_substr 要事先知道字符串的编码，如果不知道编码，就需要判断，mbstring 库还提供了 mb_check_encoding 来检验字符串编码，但还不太完善。

PHP 自带几种字符串截取函数，其中较常用到的就是 substr 和 mb_substr。前者在处理中文时，GBK 为 2 个长度单位，UTF 为 3 个长度单位；后者指定编码后，一个中文即为 1 个长度单位。

substr 有时会截取 1/3 个中文或半个中文,即会显示乱码,相对来说 mb_substr 更适合我们使用。不过有时候 mb_substr 也不那么好用。例如要显示一个小图片的简要信息,5 个中文正好,超过 5 个就截取前 4 个再加上"…",这样处理中文是没问了,可是处理英文或数字时,这样截取就太短了。

(2) 自己书写截取函数,但效率不如用 mbstring 扩展库来得高。下面是 ecshop 里面的截取 UTF-8 编码下字符串的函数。

```php
function sub_str ($str, $length = , $append = true)
{
    $str = trim ($str);
    $strlength = strlen ($str);
    if ($length == || $length >= $strlength)
    {
        return $str; //截取长度等于或大于等于本字符串的长度,返回字符串本身
    }
    elseif ($length < ) //如果截取长度为负数
    {
        $length = $strlength + $length; //那么截取长度就等于字符串长度减去截取长度
        if ($length < )
        {
            $length = $strlength; //如果截取长度的绝对值大于字符串本身长度,则截取长度取字符串本身的长度
        }
    }
    if (function_exists ('mb_substr'))
    {
        $newstr = mb_substr ($str, , $length, EC_CHARSET);
    }
    elseif (function_exists ('iconv_substr'))
    {
        $newstr = iconv_substr ($str, , $length, EC_CHARSET);
    }
    else
    {
        // $newstr = trim_right (substr ($str, , $length));
        $newstr = substr ($str, , $length);
    }
    if ($append && $str != $newstr)
```

```
        {
            $ newstr . = '...';
        }
    return $ newstr;
    }
```

 10.5　疑难解答

1. 类和对象的关系

类的实例化结果就是对象，而对一类对象的抽象就是类。类描述了一组有相同特性（属性）和相同行为（方法）的对象。类和对象的关系就像模具和月饼的关系。用一个写着"五仁月饼"的模具，能够做出一批五仁月饼，它们具有相同的属性，比如，月饼上都写着"五仁月饼"，这个模具就相当于类，月饼即是对象。

2. 方法与函数的区别

方法就是包含在对象中的函数，函数能做到的，方法都能做到，包括传递参数和返回值。不同之处在于，方法只能被对象调用，而函数可以在任何地方被调用。

 10.6　小结

本章主要介绍了面向对象的概念、特点和应用。虽然本章关于 OOP（面向对象）概念介绍得很全面、很详细，但要想真正明白面向对象思想，必须要多动手实践、多动脑思考、注意平时积累。希望读者能通过自己的努力有所突破。

 10.7　实践与练习

（1）PHP 显示中文时，经常会出现乱码，编写一个编码转换类，从而实现编码的自动转换。

（2）做 Web 开发时，需要对各种情况做出处理，并输出相应的信息。编写一个输出类，根据不同的情况，输出不同的处理结果。

第11章

PHP加密技术

11.1 PHP 加密函数

数据加密的基本原理就是对原来的明文件或者数据按照某种算法进行处理，使其成为不可读的一段代码，通常称之为"密文"，通过这样的途径来达到保护数据不被非法窃取和阅读的目的。主要讲解 crypt（）、md5（）、sha1（）等 PHP 加密函数的用法实例，还有更全面的加密扩展库 Mcrpyt 和 Mash，PHP 加密的视频教程和加密解密的在线工具。

 ### 11.1.1 PHP 加密函数——md5（）函数加密实例用法

md5（）函数是计算器字符串的 MD5 散列值，使用 MD5 的算法，它的全称是 Message—Digest Algorithm 5，作用是把不同长度的数据信息经过一系列的算法计算成一个 128 位的数值，就是把一个任意长度的字节串变成一定长的大整数。注意这里说的是"字节串"，而不是"字符串"，因为这种变换只与字节的值有关系，与字符集或者编码方式无关。

前面的章节介绍了 PHP 加密函数——crypt（），相信大家对 PHP 加密函数已经有所了解了，现在，详细介绍一下 PHP 加密函数——md5（）。

首先来看下 md5（）函数的语法结构：

string md5（string str［，bool raw _ output］）；

其中，字符串 str 为要加密的明文，rew _ output 参数如果设置为 true，那么函数就会返回一个二进制形式的密文，该参数默认为 false。

在很多的网站中，注册用户名的密码都使用 md5（）加密，然后再保存到数据库中，用户登录的时候，程序把用户输入的信息计算成 MD5 值，然后再去和数据库中保存的 MD5 值进行比较，在这个过程中，程序自身都不会"知道"用户的真实密码，从而保证了注册用户的个人隐私，提高了安全性。

【例 11.1】下面实例实现注册和登录的功能，通过 MD5 加密后，将信息保存在数据库，具体步骤如下：

第一步：创建 conn. php 文件，完成与数据库的链接：

```php
<? php
header (" Content - Type：text/html；charset = utf - 8");
$ conn = mysql _ connect（"localhost"，"root"，"root"）or die（"数据库连接失败"
.mysql _ error ());                    //连接服务器
mysql _ select _ db（"这里是你的数据库名"，$ conn)；//连接数据库
mysql _ query（"set name gb2312"）；        //设置编码格式
? >
```

第二步：创建会员注册页面，就是 register. php 文件，在该文件中，首先创建 form
表单，通过 register () 方法对表单元素的值进行验证，接着添加表单元素，完成用户名
和密码的提交，最后将表单中的数据提交到 register _ ok. php 文件中，通过面向对象的方
法完成注册信息的提交操作，具体代码此处理不再赘述。

第三步：创建 register _ ok. php 文件，获取表单中的数据，通过 md5 () 函数对密码
进行加密，使用面向对象的方法完成，参考代码如下：

```php
<? php
header（"Content - Type：text/html；charset = utf - 8");
class chkinput {                    //定义 chkinput 类
    var $ name；                    //定义成员变量
    var $ pwd；                      //定义成员变量
    function chkinput（$ x，$ y){        //定义成员方法
        $ this - > name = $ x；           //为变量赋值
        $ this - > pwd = $ y；            //为变量赋值
    }
    function checkinput () {          //定义方法
        include "conn/conn. php"；       //调用文件
        $ info = mysql _ query（"insert into 这里是数据库名（user，password) value
（'". $ this - > name.'"，'". $ this - > pwd.'"）"）；
    if（$ info = = false){
        echo "<script language = 'javascript'>alert（'会员注册失败'); history. back
(); </script>";
        exit ();
    } else {
        $ _ SESSION [admin _ name] = $ this - >name；
        echo "< script language = 'javascript'> alert（'会员注册成功');
window. location，href = 'index. php'; </script>";
    }
    }
}
$ obj = new chkinput（trim（$ _ POST [name])，trim（md5（$ _ POST [pwd])))；//实
例化类
```

```
$ obj - > checkinput ();                                        //返回
? >
```

第四步：创建 index. php 和 index _ ok. php 文件，实现登录的功能，具体代码此处不再一一赘述。

完成以后可以在数据库中查看加密过后的密码。

 11. 1. 2 PHP 加密函数——sha1 () 函数加密的实例用法

sha 的全称是 Secure Hash Algorithm（安全哈希算法）主要适用于数字签名标准（Digital Signature Standard DSS）里面定义的数字签名算法（Digital Signature Algorithm DSA）。对于长度小于 $2\wedge 64$ 位的消息，SHA1 会产生一个 160 位的消息摘要。当接收到消息的时候，这个消息摘要可以用来验证数据的完整性。在传输的过程中，数据很可能会发生变化，那么这时候就会产生不同的消息摘要。PHP 提供的 sha1 () 函数使用的就是 SHA 算法。

sha1 () 函数的语法格式如下：

> string sha1 (string $ str [, bool $ raw _ output = false])
> 相关参数描述如下。
> (1) string，必需，规定要计算的字符串。
> (2) raw，可选参数。规定十六进制或二进制输出格式。

函数返回一个 40 位的十六进制数，如果参数 raw _ output 为 true，那么就会返回一个 20 位的二进制数，默认 raw _ output 为 false。

其中，需要注意 sha 后面的 1 是阿拉伯数字（123456）里的 1，不是字母 l（L）。

【例 11.2】下面是 sha1 () 函数的实例，具体代码如下：

```
<? php
header ( "Content - Type: text/html; charset = utf - 8");
$ str = "中文网";
echo "字符串:". $ str. "<br>";
echo "TRUE - 原始 20 字符二进制格式:". sha1 ($ str, TRUE) . "<br>";
echo "FALSE - 40 字符十六进制数:". sha1 ($ str) . "<br>";
? >
```

程序运行结果如图 11-1 所示。

图 11-1　程序运行结果

【例 11.3】下面实例是输出 sha1（）的结果并对其进行测试，具体代码如下：

```php
<? php
header（“Content-Type：text/html；charset=utf-8”）;
$str = “中文网”;
echo sha1（$str）;
if（sha1（$str）= = “b1d5e6240057f21930892531def6597f135252ca”）
{
    echo “<br>I love 中文网!”;
    exit;
}
? >
```

程序运行结果为如图 11-2 所示。

图 11-2

【例 11.4】下面实例是 MD5 和 SHA 加密运算的对比，具体带代码如下：

```php
<? php
header（“Content-Type：text/html；charset=utf-8”）;
$str = “中文网”;
echo “MD5 的加密结果：”. md5（$str）. “<br>”;
echo “<br>”;
echo “sha1 的加密结果：”. sha1（$str）. “<br>”;
? >
```

程序运行结果如图 11-3 所示。

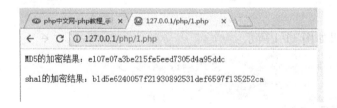

图 11-3   程序运行结果

 11.1.3 PHP 加密函数—crypt（）函数加密用法实例

在介绍加密函数之前，先来介绍一下数据加密原理：就是对原来的明文件或者数据按照某种算法进行处理，使其成为不可读的一段代码，通常称之为"密文"，通过这样的途径来达到保护数据不被非法窃取和阅读的目的。

在 PHP 中能对数据进行加密的函数主要有：crypt（）、md5（）以及 sha1（），还有加密扩展库 Mcrpyt 和 Mash。在这里先介绍使用 crpyt（）函数进行加密。

crypt（）函数可以完成单向加密功能，是单向字符串散列。

crypt（）函数语法格式如下：

```
string crypt ( string $ str [ , string $ salt ] )
算法 salt 长度
CRYPT _ STD _ DES2 – character（默认）
CRYPT _ EXT _ DES9 – character
CRYPT _ MD512 – character（以 $ 1 $ 开头）
CRYPT _ BLOWFISH16 – character（以 $ 2 $ 开头）
```

这里要说明一下：在默认的情况下，PHP 使用一个或者两个字符的 DES 干扰串，如果系统使用的是 MD5，那么就会使用 12 个字符，可以通过 CRYPT _ SALT _ LENGTH 变量来查看当前所使用的干扰串的长度！

crypt（）函数实例用法：

【例 11.5】下面用一个实例来说明 crypt（）函数的用法，具体代码如下：

```
<? php
header（"Content – Type：text/html；charset = utf – 8"）;
$ atr = "php 中文网 www. php. cn";          //声明字符串变量 $ atr
echo "加密之前 atr 的值为：". $ atr;
$ atr1 = crypt（$ atr）;                    //对变量 $ str 加密
echo "<br>加密之后 str 的值为：". $ atr1;  //输出加密后的变量
? >
```

程序运行结果如图 11-4 所示。

图 11-4　程序运行结果

上面的实例执行之后，一直刷新浏览器，你会发现每次生成的加密结果都是不一样的，那么该如何进行对加密后的数据进行判断就成了问题。crypt（）函数是单向加密的，密文不可还原成明文，而且每次加密后的数据都是不同的，这就是 salt 参数要解决的问题了。

crypt（）函数用 salt 参数对明文进行加密，判断时，对输出的信息再次使用相同的 salt 参数进行加密，对比两次加密后的结果来进行判断。

【例 11.6】下面的实例对输入用户名进行检查，具体代码如下：

```php
<? php
header ("Content - Type: text/html; charset = utf - 8");
$ link = mysqli_ connect ("localhost", "root", "");
$ db_ selected = mysqli_ select_ db ($ link, "my_ db");
? >
    <form name = "form1" action = "" method = "post" >
    <input type = "text" name = "username" id = "username" size = "15" >
    <input type = "submit" name = "Submit" value = "检测" >
    </form>
<? php
if (isset ($_ POST ["username"])! = "") {
    $ usr = crypt (isset ($_ POST ["username"]), "tm");    //对用户名进行加密
    $ sql = "select * from tb_ user where user = '" . $ usr. "'"; //生成查询语句
    $ rst = mysqli_ query ($ link, $ sql);                //执行语句，返回结果集
    if ($ rst) {
        echo "用户名存在";
    } else {
        echo "用户名可以使用";
    }
}
? >
```

程序运行结果如图 11-5 所示。

图 11-5　程序运行结果

11.2　PHP 加密扩展库—Mcrypt 扩展库实例用法

1. Mcrypt 库安装

mcypt 是一个功能十分强大的加密算法扩展库。在标准的 PHP 安装过程中并没有把

Mcrypt 安装上，但 PHP 的主目录下包含了 libmcrypt. dll 文件，所以只需将 PHP 配置文件中的"extension＝php_mcrypt. dll"前面的分号";"去掉，然后重启服务器就可以使用这个扩展库了。

2. Mcrypt 库常量

mcrypt 库支持 20 多种的加密算法，以及 8 种加密模式，可以直接使用函数 mcrypt_list_algorithms () 和 mcrypt_list_modes () 来查看，具体代码如下：

```php
<? php
$atr = mcrypt_list_algorithms ();   //函数返回 Mcrypt 支持的加密算法数组
echo "支持的算法有:";
foreach ( $atr as $atr_value) {
    echo "<br>" . $atr_value;
}
$arr = mcrypt_list_modes ();        //函数返回 Mcrypt 支持的加密模式数组
echo "<p>支持加密模式有:";
foreach ( $arr as $arr_value) {
    echo "<br>" . $arr_value;
}
? >
```

程序运行结果如图 11-6 所示。

图 11-6　程序运行结果

11.3 疑难解答

md5（）函数与 crypt（）函数的区别。

md5（）函数是计算器字符串的 MD5 散列值，使用 MD5 的算法，它的作用是把不同长度的数据信息经过一系列的算法计算成一个 128 位的数值，就是把一个任意长度的字节串变成一定长的大整数。

crypt（）函数是单向加密的，密文不可还原成明文，而且每次加密后的数据都不相同，这就是 salt 参数要解决的问题了。

 ## 11.4 小结

本章中首先介绍了 PHP 中的加密函数 crypt（）、md5（）和 shal（），然后介绍了 PHP 扩展库 Mcrypt 和 Mhash。其中，属于单向加密的有 crypt（）、md5（）、shal（）和 Mhash 扩展库，可以还原密文的是 Mcrypt 扩展库。相信通过本章的学习及实践，读者可以熟练地使用各种加密手段对敏感数据进行保护。

 ## 11.5 实践与练习

1. 分别使用 crypt（）和 md5（）函数做一个用户登录验证页，以验证用户登录所使用的用户名和密码是否正确。

2. 使用 OR、XOR 等运算符，自定义一个加密函数。

第12章

MySQL数据库基础

 ## 12.1　MySQL 概述

 ### 12.1.1　mySQL（关系型数据库管理系统）

　　MySQL 是一个关系型数据库管理系统，由瑞典 MySQL AB 公司开发，目前属于 Oracle 旗下产品。MySQL 是最流行的关系型数据库管理系统之一，在 WEB 应用方面，MySQL 是最好的 RDBMS（Relational Database Management System，关系数据库管理系统）应用软件。

　　MySQL 是一种关系数据库管理系统，关系数据库将数据保存在不同的表中，而不是将所有数据放在一个大仓库内，这样就增加了速度并提高了灵活性。

　　MySQL 所使用的 SQL 语言是用于访问数据库的最常用标准化语言。MySQL 软件采用了双授权政策，分为社区版和商业版，由于其体积小、速度快、总体拥有成本低，尤其是开放源码这一特点，一般中小型网站的开发都选择 MySQL 作为网站数据库。

　　由于其社区版的性能卓越，搭配 PHP 和 Apache 可组成良好的开发环境。

 ### 12.1.2　应用环境

　　与其他的大型数据库

　　LAMP

　　LAMP

　　例如 Oracle、DB2、SQL Server 等相比，MySQL 自有它的不足之处，但是这丝毫也没有减少它受欢迎的程度。对于一般的个人使用者和中小型企业来说，MySQL 提供的功能已经绰绰有余，而且由于 MySQL 是开放源码软件，因此可以大大降低总体拥有成本。

　　Linux 作为操作系统，Apache 或 Nginx 作为 Web 服务器，MySQL 作为数据库，PHP/Perl/Python 作为服务器端脚本解释器。由于这四个软件都是免费或开放源码软件

（FLOSS），因此使用这种方式不用花一分钱（除开人工成本）就可以建立起一个稳定、免费的网站系统，被业界称为"LAMP"或"LNMP"组合。

 12.1.3　系统特性

1. 使用 C 和 C++编写，并使用了多种编译器进行测试，保证了源代码的可移植性。

2. 支持 AIX、FreeBSD、HP－UX、Linux、Mac OS、NovellNetware、OpenBSD、OS/2 Wrap、Solaris、Windows 等多种操作系统。

3. 为多种编程语言提供了 API。这些编程语言包括 C、C++、Python、Java、Perl、PHP、Eiffel、Ruby，．NET 和 Tcl 等。

4. 支持多线程，充分利用 CPU 资源。

5. 优化的 SQL 查询算法，有效地提高查询速度。

6. 既能够作为一个单独的应用程序应用在客户端服务器网络环境中，也能够作为一个库而嵌入到其他的软件中。

7. 提供多语言支持，常见的编码如中文的 GB 2312、BIG5，日文的 Shift _ JIS 等都可以用作数据表名和数据列名。

8. 提供 TCP/IP、ODBC 和 JDBC 等多种数据库连接途径。

9. 提供用于管理、检查、优化数据库操作的管理工具。

10. 支持大型的数据库。可以处理拥有上千万条记录的大型数据库。

11. 支持多种存储引擎。

12. MySQL 是开源的，所以你不需要支付额外的费用。

13. MySQL 使用标准的 SQL 数据语言形式。

14. MySQL 对 PHP 有很好的支持，PHP 是目前最流行的 Web 开发语言。

15. MySQL 是可以定制的，采用了 GPL 协议，你可以修改源码来开发自己的 MySQL 系统。

16. 在线 DDL/更改功能，数据架构支持动态应用程序和开发人员灵活性。

17. 复制全局事务标识，可支持自我修复式集群。

18. 复制无崩溃从机，可提高可用性。

19. 复制多线程从机，可提高性能。

20. 3 倍更快的性能。

21. 新的优化器。

22. 原生 JSON 支持。

23. 多源复制。

24. GIS 的空间扩展。

 12.1.4　存储引擎

MyISAMMySQL 5.0 之前的默认数据库引擎，最为常用。拥有较高的插入，查询速度，但不支持事务

InnoDB 事务型数据库的首选引擎，支持 ACID 事务，支持行级锁定，MySQL 5.5 起

成为默认数据库引擎

BDB 源自 Berkeley DB，事务型数据库的另一种选择，支持 Commit 和 Rollback 等其他事务特性

Memory 所有数据置于内存的存储引擎，拥有极高的插入，更新和查询效率。但是会占用和数据量成正比的内存空间。并且其内容会在 MySQL 重新启动时丢失

Merge 将一定数量的 MyISAM 表联合而成一个整体，在超大规模数据存储时很有用

Archive 非常适合存储大量的独立的，作为历史记录的数据。因为它们不经常被读取。Archive 拥有高效的插入速度，但其对查询的支持相对较差

Federated 将不同的 MySQL 服务器联合起来，逻辑上组成一个完整的数据库。非常适合分布式应用

Cluster/NDB 高冗余的存储引擎，用多台数据机器联合提供服务以提高整体性能和安全性。适合数据量大，安全和性能要求高的应用

CSV：逻辑上由逗号分割数据的存储引擎。它会在数据库子目录里为每个数据表创建一个 .csv 文件。这是一种普通文本文件，每个数据行占用一个文本行。CSV 存储引擎不支持索引。

BlackHole：黑洞引擎，写入的任何数据都会消失，一般用于记录 binlog 做复制的中继

EXAMPLE 存储引擎是一个不做任何事情的存根引擎。它的目的是作为 MySQL 源代码中的一个例子，用来演示如何开始编写一个新存储引擎。同样，它的主要兴趣是对开发者。EXAMPLE 存储引擎不支持编索引。

另外，MySQL 的存储引擎接口定义良好。有兴趣的开发者可以通过阅读文档编写自己的存储引擎。

12.2 启动和关闭 MySQL 服务器

作为 MySQL 管理员，一个普通的目标就是确保服务器尽可能地处于运行状态，使得客户机能够随时访问它。但是，有时最好关闭服务器（例如，如果正在进行数据库的重定位，不希望服务器在该数据库中更新表）。保持服务器运行和偶尔关闭它的需求关系不是本书所解决的。但是我们至少可以讨论如何使服务器启动和停止，以便您具备进行这两个操作的能力。

本节的说明只用于 UNIX 系统。如果正在运行 Windows 系统，可以跳过本章，因为附录 A "获得和安装软件" 一节中包含了所有需要的启动和关闭命令。

调用本章给出的命令

为了简洁，在大多数情况中，诸如 mysqla d m i n、mysqldump 等程序在本章中没有给出任何−h、−u 或−p 选项。笔者假定您将会用连接服务器所需的任何选项调用这些程序。

用无特权的用户账号运行 MySQL 服务器

在讨论如何启动服务器之前，考虑一下在服务器启动时应该运行哪个账号。服务器可以手工和自动启动。如果手工启动，则服务器以 UNIX 用户身份运行（您恰好作为该用户进行了注册）。即，如果笔者以 paul 进行注册并启动服务器，则它将以 paul 身份运行。如果用 s u 命令将用户切换到 root 然后启动服务器，则服务器以 root 身份运行。

但是，大多数时候可能都不会采用手工启动服务器。您很可能将安排服务器在系统引导时作为标准启动过程的一部分自动地运行。在 UNIX 中，该启动过程由系统以 UNIX 的 roo t 用户的身份执行，该过程中启动的任何进程都用 root 的权限运行。

应该紧记 MySQL 服务器启动过程的两个目标：

要服务器以某些非 root 的用户身份启动。通常，除非进程真的需要 root 访问权而 mysql 办不到，否则应限制任何进程的能力。

要服务器始终以同一个用户的身份运行。服务器有时作为一个用户运行而有时又作为另一个用户运行时会产生矛盾。这将导致文件和目录以不同的所有权在该数据下被创建，甚至引起服务器不能访问数据库或表。以同一个用户的身份一致地运行服务器可以避免该问题。

为了以标准的、非特权的用户身份运行数据库，可按如下步骤执行该过程：

1）选择用于运行服务器的账号。mysqld 可以以任何用户身份运行，但是很明显，它只为 MySQL 活动创建了一个单独的账号。您也可以为 MySQL 专门指定一个组。笔者将调用的这些用户和组的名字命名为 mysqladm 和 mysqlg r p。如果您使用了其他的名字，则在本书中有 mysqladm 和 mysqlgrp 的地方替换它们

如果您在自己的账号下安装了 MySQL 并且系统中没有特定的管理权限，则您可以在自己的 ID 用户下运行服务器。在这种情况下，应使用您自己的注册名和组名替代 mysqladm 和 mysqlgrp 。

如果您利用 RPM 文件在 RedHat Linux 下安装了 MySQL，则该安装程序将在 mysql 名下自动创建了一个账号。应使用该名字替换 mysqladm 。

2）如果必要的话，可用系统常用的账号创建过程（a c count － c r e a t i o n）来创建服务器账号。这需要以 root 身份进行操作。

3）关闭服务器（如果它在运行）。

4）修改数据目录以及任何子目录和文件的所有权，使 mysqladm 用户拥有它们。例如，如果数据目录是/ us r / l o c a l / v a r，则可按以下设置 mysqladm 用户的所有权：

    cd /usr/local/var 移动到数据目录

    chown － r mysqladmin.mysqlgrp 设置所有目录和文件的所有权

5）修改数据目录以及任何子目录和文件的许可权，使得只有 mysqladm 用户能够访问它们。设置该方式以避免其他人员访问是一种好得安全预防措施。如果数据目录是/ us r / l o c a l / v a r，则可通过 mysqladm 用户按下列操作设置应具有的一切（您需要以 root 身份运行这些命令）：

    cd /usr/local/var 移动到数据目录

chmod－R go－rwx 使所有一切只对 mysqladm 可访问

在设置数据目录及其内容的所有权和方式时，观察符号连接。您需要跟踪符号连接并修改所指向的文件或目录的所有权和方式。如果这些连接文件所定位的目录不属于您，则这样做可能会引起麻烦，因此您必须是 root 用户。

在完成前述过程后，应确保无论是作为 mysqladm 还是作为 root 用户注册都始终启动服务器。在后者中，要确保指定了－－user＝mysqladm 的选项，使服务器可以将其用户 ID 切换到 mysqla d m（该选项在系统启动过程中也可使用）。

－－user 选项被增加到 MySQL3.22 的 mysql 中。如果您的版本比 MySQL3.22 旧，则在启动服务器并作为 root 用户运行时，可以使用 su 命令指示系统在指定账号下运行服务器。您需要阅读有关 su 的人工页，因为作为一个指定用户运行命令的语法被改变了。

启动服务器的方法

如果您已经确定了用来运行服务器的账号，则可以选择安排怎样启动服务器。可以从命令行手工运行，或在系统启动过程中自动运行服务器。有三种启动服务器的主要方法：

直接调用 mysqld。这或许是最小的命令方法。除了说明 mysqld －－help 是一个有用的命令（用它可以查找您可利用其他启动方法使用的选项）外，笔者不打算进一步讨论它。

调用 safe_mysqld 脚本。safe_mysqld 试图确定服务器程序和数据目录的位置，然后利用反映这些位置的选项调用服务器。safe_mysqld 将服务器的标准错误输出重定向到数据目录的错误文件中，并以记录的形式出现。在启动服务器后，safe_mysqld 还监控服务器，并在其死机时重新启动。safe_mysqld 通常用于 UNIX 的 BSD 风格的版本。

如果您曾经作为 root 或在系统启动程序中启动 s a f e_mysqld，则错误日志将由 r o o t 拥有。如果您试着以非特权的用户身份调用 s a f e_mysqld，则可能引起"所有权被拒绝"的错误。删除该错误文件再试一次。

调用 mysql.server 脚本。通过运行 s a f e_mysqld.mysql.server，该脚本启动服务器。该脚本建议在使用 System V 启动/关闭系统的系统中使用。这个系统包括几个包含在机器登录或退出一个特定运行级时被调用的脚本的目录。它可以利用 start 或 stop 参数进行调用，以指明希望启动还是关闭服务器。

safe_mysqld 脚本被安装在 MySQL 安装目录的 bin 目录下，或者在 MySQL 源程序分发包的 scripts 目录中。mysql.server 脚本安装在 MySQL 安装目录的 share/mysql 目录下，或者在 MySQL 源程序分发包的 support－files 目录中。如果要使用它，应将其拷贝到合适的启动目录中。

对于 BSD 风格的系统，在/etc 目录中有几个文件相对应，它们在引导期间开始服务。这些文件的名字通常以‘r c’开始，因此很可能会有一个名为 rc.local（或类似的名字）的文件来启动本地的安装服务。在这样的系统中，您可能要按如下方法添加一些行到 rc.local 文件中以启动服务器（如果路径与您系统中的不同，可将其修改成 safe_mysqld）：

```
if (－x /usr/local/bin/safe_mysqld); then
/usr/local/bin/safe_mysqld &
```

```
fi
```

对于 System V 风格的系统，可以通过将其放置在/etc 下的合适的启动目录中来安装 mysql. server。如果您运行 Linux 并从 RPM 文件中安装了 MySQL，那么这此操作可能已经完成了。否则，应该在主启动脚本目录中安装该脚本，并在合适的运行级目录中设置对它的连接。您还可使该脚本仅对 root 用户可执行。

启动文件目录的布局随系统而变化，因此将需要全面检查来弄清系统是怎样组织它们的。例如，在 LinuxPPC 中，这些目录为/etc/rc. d/init. d 和/etc/rc. d/rc3. d。应该按如下方法安装该脚本：

```
cp mysql. server /etc/rc. d/init. d
cd /etc/init. d
chmod 500 mysql. server
cd /etc/rc. d/rc3. d
```

In － s . . /init. d/mysql. server S99mysq 在 Solaris 中，主脚本目录为/etc/init. d，运行级目录为/etc/rc2. d，因此上述命令将替换为：

```
cp mysql. server /etc/init. d
  cd /etc/init. d
  chmod 500 mysql. server
  cd /etc/rc2. d
  In － s . . /init. d/mysql. server s99mysql
```

在系统启动期间，S99mysql 脚本利用 start 参数自动调用。

如果您拥有 chkconfig 命令（它在 Linux 中很常用），则可用其帮助安装 mysql. server 脚本来代替手工运行上述的命令。

1. 指定启动选项

在启动服务器时，如果想要指定附加的启动选项，可用两种方法进行操作。您可以修改所使用的启动脚本（safe _ mysqld 或 mysql. server），并在调用服务器的命令行中直接指定这些选项。您还可以在选项文件中指定选项。笔者建议，如果可能的话，应在全局选项文件中指定服务器选项。通常该文件的位置是 UNIX 中的/ e t c / my. cnf 和 Windows 中的 c：my. cnf（有关使用选项文件的细节，请参阅附录 E）。

某些种类的信息不能作为服务器的选项指定。为了这些选项，您可能需要修改 safe _ mysqld。例如，如果服务器不能正确地拾取 GMT 中的本地时区（local time zone）和返回时间值，可以设置 TZ 环境变量以给该变量一个提示。如果用 safe _ mysqld 或 mysql. server 启动服务器，可以将时区设置增加到 safe _ mysqld 中。找到启动服务器的命令行，并在该行之前增加下列命令：

```
TZ = US/Central
export TZ
```

这个命令将 TZ 设置为 US Central 时区。您需要使用合适位置的时区。该语法是 S o l a r i s 的，您的系统可能会有所不同。例如，设置 TZ 变量的另一个常用语法为：

```
TZ = CST6CDT
export TZ
```

如果修改了启动脚本，当下次安装 MySQL 时（如，升级到更新的版本），将失去这些修改，除非在之前将该启动脚本拷贝到了其他地方。在安装新的版本之后，将您的脚本与新安装的脚本进行比较，以便看看重新建立还需要做什么改动。

2. 在启动期间检查表

除了在系统引导时安排服务器的启动外，您还可以安装一个脚本来运行 mysamchk 和 i s a m c h k，以便在服务器启动前对表进行检查。您可能打算在服务器崩溃后重新启动，但表可能已经毁坏了。在服务器启动前检查这些表是发现问题的好办法。第 13 章包含了有关编写和安装这种脚本的细节。

关闭服务器

要想手工关闭服务器，可使用 mysqla d m i n：

```
% mysqladmin shutdown
```

要想自动关闭服务器，您不需要做特别的操作。BSD 系统通常会通过给进程发送一个 TERM 信号来关闭服务。进程或者对其作出反应，或者被随便地取消。当 mysqld 接收到信号时，它会通过终止来响应。对于利用 mysql. server 启动服务器的 System V－风格的系统，该关闭进程将调用带有 stop 参数的脚本来指示服务器进行关闭——当然，这是在假定您已经安装了 mysql. ser ver 的情况下进行的。

在不连接时收回服务器的控制

在某些环境中，由于不能连接到服务器，您需要用手工重新启动它。当然，这有点荒谬，因为一般是通过连接到服务器然后告知服务器终止来手工关闭服务器的。那么这种情况是怎样出现的？

首先，MySQL 的 root 口令可能得到了一个您不知道的值。这种情况可能是在修改口令时发生的一例如，如果在输入新的口令值时碰巧键入了一个不可见的控制字符。还有可能就是完全忘记了口令。

其次，对于 localhost 的连接通常是通过 UNIX 域的套接字文件进行的，它一般为/ t m p / mysql. s o c k。如果该套接字文件被删除了，则本地客户机将不能进行连接。如果系统偶尔运行了一个删除/tmp 中的临时文件的 cron 作业，这种情况就可能会发生。

如果因为失去套接字文件而不能进行连接，可以通过重新启动服务器简单地进行恢复，因为服务器在启动期间重新建立了该文件。这里应知道的是，不能用该套接字建立连接（因为它已经不存在）而必须建立 TCP/IP 连接。例如，如果服务器的主机是 pit－viper. snake. net，则可以按如下方法进行连接：

% mysqladmin－p－uroot－h pit－viper. snake. net shutdown

如果此套接字文件被 cron 作业删除，则问题将复发，直到您修改 cron 作业或使用另一个套接字文件为止。您可以用全局选项文件指定另一个套接字文件。例如，如果数据目录为/usr/local/var，则可通过将以下行添加到/etc/my. cnf 中来移动套接字文件到那里：

```
[mysqld]
```

```
socket = /usr/local/var/mysql. sock
[client]
socket = /usr/local/var/mysql. sock
```

路径名是为服务器和客户机程序二者所指定的，以便它们能使用相同的套接字文件。如果只对服务器设置路径名，客户机程序将仍然在旧的位置上查找套接字文件。在做出这个修改后应重新启动服务器，使它在新的位置创建套接字文件。

如果由于您忘记了 root 的口令或将其修改为一个您不知道的值而不能进行连接，则需要收回服务器的控制以便重新设置口令：

关闭服务器。如果您以 root 用户的身份在服务器主机上进行登录，可用 kill 命令终止服务器。通过使用 ps 命令或通过查看服务器的 PID 文件（通常放在数据目录中）能找出服务器的 ID 进程。

最好先试着用标准的 kill 命令取消服务器，该命令将一个 TERM 信号发送到服务器上，以查看服务器是否通过关闭信号来响应。也就是说，表和日志将被适当地刷新。如果服务器被堵塞并且没有响应正常的终止信号，可使用 kill－9 强制终止它。这是最后的一个方法，因为可能存在未刷新的更改，并且要承担非一致状态下将表保留下来的风险。如果用 kill－9 终止服务器，应确保在重新启动服务器之前利用 myisamchk 和 i s a m c h k 对表进行检查（参见第 13 章）

用－－skip－grant－tables 选项重新启动服务器。该操作告诉服务器不要使用授权的表检查连接。这允许您作为 root 用户不用输入口令即可进行连接。在连接之后，修改 root 的口令。

告诉服务器再利用 mysqladmin flush－privileges 使用授权表启动。如果您的 mysqladmin 版本不识别 flush－privileges，试着进行重新加载。

12.3 操作 MySQL 数据库

12.3.1 MySQL 数据库的基本操作命令

1. mysql 服务操作

```
net start mysql                                //启动 mysql 服务
net stop mysql                                 //停止 mysql 服务
mysql －h 主机地址 －u 用户名 －p 用户密码         //进入 mysql 数据库
quit                                           //退出 mysql 操作
mysqladmin －u 用户名 －p 旧密码 password 新密码   //更改密码
grant select on 数据库.* to 用户名@登录主机 identified by "密码"   //增加新用户

exemple:
```

例

增加一个用户 test2 密码为 abc，让他只可以在 localhost 上登录，并可以对数据库 mydb 进行查询、插入、修改、删除的操作

（localhost 指本地主机，即 MYSQL 数据库所在的那台主机），这样用户即使用知道 test2 的密码，他也无法从 internet 上直接访问数据库，只能通过 MYSQL 主机上的 web 页来访问了。

grant select，insert，update，delete on mydb. * to test2@localhost identified by "abc";

如果你不想 test2 有密码，可以再打一个命令将密码消掉。grant select，insert，update，delete on mydb. * to test2@localhost identified by "";

2. 数据库操作

```
show databases;            //列出数据库
use database _ name        //使用 database _ name 数据库
create database data _ name //创建名为 data _ name 的数据库
drop database data _ name   //删除一个名为 data _ name 的数据库
```

3. 表操作

show tables //列出所有表 create talbe tab _ name（id int（10）not null auto _ increment primary key, name varchar（40），pwd varchar（40））charset = gb2312； 创建一个名为 tab _ name 的新表

drop table tab _ name 删除名为 tab _ name 的数据表

describe tab _ name   //显示名为 tab _ name 的表的数据结构

show columns from tab _ name //同上

delete from tab _ name   //将表 tab _ name 中的记录清空

select * from tab _ name   //显示表 tab _ name 中的记录

mysqldump － uUSER － pPASSWORD － － no － data DATABASE TABLE ＞ table. sql
　　　//复制表结构

4. 修改表结构

ALTER TABLE tab _ name ADD PRIMARY KEY（col _ name） 说明：更改表得的定义把某个栏位设为主键。

ALTER TABLE tab _ name DROP PRIMARY KEY（col _ name） 说明：把主键的定义删除

alter table tab _ name add col _ name varchar（20）；//在 tab _ name 表中增加一个名为 col _ name 的字段且类型为 varchar（20）

alter table tab _ name drop col _ name //在 tab _ name 中将 col _ name 字段删除

alter table tab _ name modify col _ name varchar（40）not null //修改字段属性，注若加上 not null 则要求原字段下没有数据 SQL Server200 下的写法是：Alter Table table _ name Alter Column col _ name varchar（30）not null;

如何修改表名：alter table tab _ name rename to new _ tab _ name

如何修改字段名：alter table tab_name change old_col new_col varchar (40)；
　　　　　　　　//必须为当前字段指定数据类型等属性，否则不能修改

create table new_tab_name like old_tab_name //用一个已存在的表来建新表，但不包含旧表的数据

5. 数据的备份与恢复

导入外部数据文本：

执行外部的 sql 脚本当前数据库上执行：mysql < input.sql 指定数据库上执行：mysql［表名］< input.sql

数据传入命令 load data local infile "［文件名］" into table［表名］；备份数据库：（dos下）mysqldump --opt school>school.bbbmysqldump -u［user］-p［password］databasename> filename（备份）mysql -u［user］-p［password］databasename < filename（恢复）

12.3.2　MySQL 数据库后台优化方案

开发的一套手机应用的后端服务器支持系统，目前的业务是前端两台 Web 服务器做 HA，一台服务器做图片服务器。前端 web 服务器承担的是用户访问和手机客户端的 API 接口数据处理工作，要求处理速度快但是没有大规模查询。每天用户访问量大约为 5－10 万 IP，分别用两台 web 做 HA 负载。两台 Web 共用一个数据库保持数据一致性，另外使用一台服务器数据库做数据库从库。从库作用是在主库死机之类的问题出现的时候，切换到从库来进行服务。但是实际起到的作用只是一个备份设备而已。

1. 当前面临的问题

每次后台进行统计查询，由于数据总量过大，查询全表就会造成表锁死或者低速响应，造成客户端无法得到正常响应。鉴于这种问题，我们对后台统计功能进行一些优化处理。

问题的原因很容易定位，就是表数据量太大，可是业务的逻辑又不允许进行简单分表。尝试做表分区效果也很一般。查询大表的速度实在难以接受：例如 lee_userlog 表数据已经有两千六百多万条数据，每天需要查询这个表，看数据总体统计情况。具体问题分析如下：

直接加 memcache 的缓存，生存时间 10 秒－60 秒不等。好处是实施方式简单，但是非常不适合我们的业务，因为每次生成缓存的查询还是非常慢，并且由于每次查询后间隔至少 10 分钟才查第二次，因此这种简单的缓存方式根本起不到任何作用，这样的查询并不十分频繁，每小时大约要看 2－3 次，因此直接做缓存是没有意义的，因为第一次查的时候还是慢，第二查完以后可能十几分钟后才查第二次。如果将结果缓存到半小时以上，将导致两次查询结果完全相同，导致无法对运营状态进行有效的数据分析，运维人员没法根据统计结果做出相应调整，考虑增加简单 sql 查询缓存，解决了按天查询的时候每天固定数据缓存的问题，提升效果明显，但是查当天数据的时候由于数据量还是很大，所以依然影响速度。进一步考虑的方案是，sql 每次都查全表，但是后台管理界面查询时直接返回缓存数据，但是运行一个更新数据的服务，每 10 分钟在后台运行一次缓存对应的 sql 语

句，将结果更新到结果集中，这样的设计牺牲了部分实时性，但符合实际使用的情况，至少间隔 10 分钟才会进行查询查看统计结果。同时大大增加用户使用的查询速度。瞬间即可得到结果，根据这种思路我们分析实际方案。

2. 问题的解决方案

首先可以做的最简单的事情就是把前端用户使用数据库和后台查询数据库分开，这样进行读写分离后至少进行大规模查询不会造成业务卡死。我们建立一个只读的用户连接到从库，用户权限设置为只允许进行 SELECT 操作。

其次根据实际业务逻辑将问题拆解为三种情况：

（1）按日存储统计结果类型数据，每天会产生数据，但是过了当天数据就变为静止数据。统计结果不会改变。

（2）数据总体情况统计，整个表的数据记录，求和等操作。随时跟着时间在增加或减少。

（3）更复杂的统计情况，数据按日统计，但统计出来的数据也随时会变化。

第一种情况：按日统计的，在第一次查询的时候保存为一条数据记录通过查询时间来分析，如果含有当天记录则不缓存：

if (date（′Y－m－d′, ＄puttime）！＝date（′Y－m－d′）&& date（′Y－m－d′, ＄endtime）！＝date（′Y－m－d′））

如果是按日统计数据，不含有当天数据的，直接缓存统计结果到另一个缓存表中。

第二种情况：我们将数据统计的 SQL 语句整体缓存到缓存表中，后台做一个服务程序定时更新这个表，维持总体统计数据为准实时，这一过程大约每 10 分钟会更新一次，稍有滞后但是依然能满足实际需求。

第三种情况：我们记录每次更新数据的时间点和结果。新一次查询的时候，由于数据永远处于增量情况，因此我们只需要查出上次时间点到当前的增量数据统计情况合并如上次缓存结果中，同时更新缓存结果到当前时间点即可。这样查询量减少了几个数量级，速度也就有了保障。

3. 缓存表设计

db＿cache

字段说明：

sql＿name 插入值的之前要将插入 sql 语句做处理，防止 sql 嵌套出现问题。

sql＿hash 字段为表中的唯一字段，用来检索查询对应的 sql 语句用。同时保障缓存能被迅速检索到。如果需要就进行数据更新。考虑到如此长的字符串进行哈希重复概率很低，因此可以放心存储。

result＿json 将查询结果做成 Json 数据来存储。因为结果数据的结构是不定项，未必只是一个值。可能是各种数据对象。

is＿fresh 加上是否自动刷新，一旦开启，则后台开启一个服务对数据进行处理。定时进行数据刷新。

alive＿time 增加缓存数据生存时间，超过时间，则会被清除。

time 数据表字段 time 被定义为记录数据最后修改时间，这样可以方便检验数据的更新情况。

4. 后台定时刷新数据机制

（1）定时查询缓存表，清除超过生存时间的缓存数据。

（2）定时查缓存表，把需要刷新的数据 sql 掉出来，跑一次结果。并更新到缓存数据中。

（3）由于一些特殊的函数中查询出来的结果要求特别处理一

下，例如有些数据要查出来后再统计一次或者只需要一个最后结果。这样既节省了存储空间，也节省了多次重复计算的资源。但是因为这个需要非常个性化，所以我们引入 func_name 字段进行存储。

（4）大多数需求都不需要个性化处理，所以我们使用 php 面向对象的魔术方法 _ _ call（）来简化代码。

这样节省传入参数和人为输入可能出现的写错函数名等问题的发生。后台使用驻留服务的形式，这样的方式在实际使用中出现问题。原因是长期连接从库造成从库卡死，主从无法同步。为了解决这样的问题，继续修改代码，每次长时间查询完成都自动断开库，然后重连。经过测试问题解决！

 ### 12.3.3 MYSQL 数据库的管理技巧

MySQL 是一个跨平台的开源关系型数据库管理系统，由于其体积小、速度快、总体拥有成本低，尤其是开放源码这一特点，目前被广泛地应用在各单位的数据管理中。因此，MYSQL 数据库的管理和维护已经成为每一位信息管理人员日常工作的重要部分，数据库的备份、检查、修复等成为必修课。多年的数据库维护工作使我积累了如下使用技巧：

1. 数据库的正确备份与恢复备份

平时我们在使用 MySQL 数据库的时候经常会因为操作失误造成数据丢失，MySQL 数据库备份可以帮助我们避免由于各种原因造成的数据丢失或着数据库的其他问题。

（1）数据原文件备份

MYSQL 数据在设计时就将一个个数据库独立地放在 MYSQL 应用目录下，因此方便了我们对需要备份的数据库进行原文件拷贝，并完成数据的备份的操作。这也成为目前 MYSQL 管理者主要使用的备份方法之一。

假如我们的 MYSQL 数据库安装在 F:\mysql 下，在此应用目录下有一个叫 data 的目录，data 目录是 MYSQL 的数据库存储目录，在 data 目录下就是我们各个数据库的原文件目录，目录名称与我们的数据库名字是完全一致的，我们仅需把需要备份的数据库名字对应的目录复制到我们的备份目录，即完成了对指定数据库的备份。需要注意的是 data 目录下的 mysql 目录是 MYSQL 的表与用户权限关系数据库，一般情况下不要去动它。

（2）数据导出备份

导出备份相对于原文件备份要麻烦一些，不过因为能导出单个 SQL 文件，能为其它应用项目的部署提供条件。因此，这也是需要学会并掌握的内容。

进行数据库导出时，可以在服务器本地进行，也可以远程进行，这里仅描述服务器本地导出方法。

数据库导出命令：mysqldump

标准版的 MYSQL 中，此命令位于 MYSQL 目录下的 bin 目录里，命令格式如下：

mysqldump Cu［用户名］Cp［用户密码］［需要备份的数据库名］＞［备份到哪个路径下的哪个文件名］

假设我们使用最高权限用户 root 进行备份，最高权限用户密码为 123456，我们需要将一个名叫 ABC 的数据备份到 F：\ ABC.sql 文件，我们进入 F \ mysql \ bin \ 目录进行备份，例：

mysqldump Cu root Cp 123456 ABC ＞ f：\ ABC.sql

执行以上备份后在我们的 F 盘下会生成一个叫 ABC.sql 的文件，这就是我们备份出来的 ABC 数据库的备份文件。

（3）原文件恢复备份

将我们备份的原文件拷贝到 MYSQL 的 data 目录下就完成了备份恢复。

（4）备份数据导入

与 mysqldump 相对应，备份数据的输入也是使用命令进行，命令模式如下：mysql Cu［数据库用户名］Cp［用户密码］［需要恢复的数据库名］＜［包括备份文件名称的完整路径］将之前我们备份出来的 ABC.sql 文件进行一次导入，使用我们假设的最高权限用户 root 来进行，例：mysql Cu root Cp 123456 ABC＜ f：\ ABC.sql 执行完成后，备份的 ABC.sql 数据就完成了导入。需要注意的是导入前如果 MYSQL 没有 ABC 这个数据库，请先使用建立数据的命令建立一个空的 ABC 数据库。

2. 数据检查与修复

（1）日常数据检查的优化

虽然 MYSQL 为数据库检查、优化、修复提供多个可选择的单独命令，不过在日常维护中，我们更喜欢一次性就完成检查、优化、修复的操作，这样能省下不少的时间，还能提高工作效率，命令如下：mysqlcheck Co［数据库名］－u［数据库用户名］Cp［用户密码］如果我们需要对 ABC 进行检查和优化，我们只需在 f：\ mysql \ bin 下执行命令：mysqlcheck－o ABC Cu root Cp 123456 执行完成后，ABC 数据库中存在的数据错误将全部得到检查、修复和优化。

（2）数据表文件修复命令

记得有一次，单位的一个 100 万行级的数据表损坏，导致服务器 CPU 占用 100％，使用普通修复和优化无果，在这样的特殊情况下，MYSQL 数据表出现数据表文件损坏，我们已经无法用 mysqlcheck 完成修复，在此我们需要用到另一个命令（标准安装版中一定有，解压版的可能没有这个命令）：

myisamchk－B－o［目标数据表物理路径］此命令也在 MYSQL 的 bin 目录下。如果有一天，我们的 ABC 数据库下的 TEST 数据表损坏，我们可以使用以下命令进行修复：myisamchk－B Co f：\ msyql \ data \ ABC \ test.MYD 通过执行这个命令，损坏的 test 表文件有 90％ 的机会得到修复，让我们的数据得到挽救。注意：运行命令时需要停止

MYSQL 服务，如果表比较大，修复时需要一定的时间。

3. 工具推荐

（1）PHPMYADMIN 是一款在线管理工具，目前已经应用得非常广泛，它提供了从数据库权限分配到数据库远程备份打包下载的日常所需要的大部分功能。

（2）SQLyog 是一款多功能的 MYSQL 客户端，可以在服务器或本地进行安装使用，它提供了全部我们需要的功能（除数据表损坏修复），不但能方便地完成远程查询，还能将我们查询的结果导出成为我们需要的文件格式，方便提取数据报表。同时，对不同字符集的支持比较全面。对于 MYSQL 管理员或开发人员来说，它能完成触发器、存储过程代码的编写，是一款非常出色的 MYSQL 远程管理利器。

12.4　MySQL 数据类型

MySQL 中定义数据字段的类型对你数据库的优化是非常重要的。

MySQL 支持多种类型，大致可以分为三类：数值、日期/时间和字符串（字符）类型。

12.4.1　数值类型

MySQL 支持所有标准 SQL 数值数据类型。

这些类型包括严格数值数据类型（INTEGER、SMALLINT、DECIMAL 和 NUMERIC），以及近似数值数据类型（FLOAT、REAL 和 DOUBLE PRECISION）。

关键字 INT 是 INTEGER 的同义词，关键字 DEC 是 DECIMAL 的同义词。

BIT 数据类型保存位字段值，并且支持 MyISAM、MEMORY、InnoDB 和 BDB 表。

作为 SQL 标准的扩展，MySQL 也支持整数类型 TINYINT、MEDIUMINT 和 BIGINT。下面的表显示了需要的每个整数类型的存储和范围。

类型	大小	范围（有符号）	范围（无符号）	用途
TINYINT	1 字节	（−128，127）	（0，255）	小整数值
SMALLINT	2 字节	（−32 768，32 767）	（0，65 535）	大整数值
MEDIUMINT	3 字节	（−8 388 608，8 388 607）	（0，16 777 215）	大整数值
INT 或 INTEGER	4 字节	（−2 147 483 648，2 147 483 647）	（0，4 294 967 295）	大整数值
BIGINT	8 字节	（−9 233 372 036 854 775 808，9 223 372 036 854 775 807）	（0，18 446 744 073 709 551 615）	极大整数值

类型	大小	范围（有符号）	范围（无符号）	用途
FLOAT	4 字节	（－3.402 823 466 E＋38，－1.175 494 351 E－38），0，（1.175 494 351 E－38，3.402 823 466 351 E＋38）	0，（1.175 494 351 E－38，3.402 823 466 E＋38）	单精度浮点数值
DOUBLE	8 字节	（－1.797 693 134 862 315 7 E＋308，－2.225 073 858 507 201 4 E－308），0，（2.225 073 858 507 201 4 E－308，1.797 693 134 862 315 7 E＋308）	0，（2.225 073 858 507 201 4 E－308，1.797 693 134 862 315 7 E＋308）	双精度浮点数值
DECIMAL	对 DECIMAL（M，D），如果 M＞D，为 M＋2 否则为 D＋2	依赖于 M 和 D 的值	依赖于 M 和 D 的值	小数值

12.4.2 日期和时间类型

表示时间值的日期和时间类型为 DATETIME、DATE、TIMESTAMP、TIME 和 YEAR。

每个时间类型有一个有效值范围和一个"零"值，当指定不合法的 MySQL 不能表示的值时使用"零"值。

TIMESTAMP 类型有专有的自动更新特性，将在后面描述。

类型	大小（字节）	范围	格式	用途
DATE	3	1000－01－01/9999－12－31	YYYY－MM－DD	日期值
TIME	3	'－838：59：59'/'838：59：59'	HH：MM：SS	时间值或持续时间
YEAR	1	1901/2155	YYYY	年份值
DATETIME	8	1000－01－01 00：00：00/9999－12－31 23：59：59	YYYY－MM－DD HH：MM：SS	混合日期和时间值

续表

类型	大小（字节）	范围	格式	用途
TIMESTAMP	4	1970－01－01 00：00：00/2038 结束时间是第 2147483647 秒，北京时间 2038－1－19 11：14：07，格林尼治时间 2038 年 1 月 19 日 凌晨 03：14：07	YYYYMMDD HHMMSS	混合日期和时间值，时间戳

12.4.3　字符串类型

字符串类型指 CHAR、VARCHAR、BINARY、VARBINARY、BLOB、TEXT、ENUM 和 SET。该节描述了这些类型如何工作以及如何在查询中使用这些类型。

类型	大小	用途
CHAR	0－255 字节	定长字符串
VARCHAR	0－65535 字节	变长字符串
TINYBLOB	0－255 字节	不超过 255 个字符的二进制字符串
TINYTEXT	0－255 字节	短文本字符串
BLOB	0－65 535 字节	二进制形式的长文本数据
TEXT	0－65 535 字节	长文本数据
MEDIUMBLOB	0－16 777 215 字节	二进制形式的中等长度文本数据
MEDIUMTEXT	0－16 777 215 字节	中等长度文本数据
LONGBLOB	0－4 294 967 295 字节	二进制形式的极大文本数据
LONGTEXT	0－4 294 967 295 字节	极大文本数据

CHAR 和 VARCHAR 类型类似，但它们保存和检索的方式不同。它们的最大长度和是否尾部空格被保留等方面也不同。在存储或检索过程中不进行大小写转换。

BINARY 和 VARBINARY 类似于 CHAR 和 VARCHAR，不同的是它们包含二进制字符串而不要非二进制字符串。也就是说，它们包含字节字符串而不是字符字符串。这说明它们没有字符集，并且排序和比较基于列值字节的数值值。

BLOB 是一个二进制大对象，可以容纳可变数量的数据。有 4 种 BLOB 类型：TINYBLOB、BLOB、MEDIUMBLOB 和 LONGBLOB。它们区别在于可容纳存储范围不同。

有 4 种 TEXT 类型：TINYTEXT、TEXT、MEDIUMTEXT 和 LONGTEXT。对应的这 4 种 BLOB 类型，可存储的最大长度不同，可根据实际情况选择。

12.5 操作数据表

 ## 12.5.1 创建数据表

CREATE TABLE [IF NOT EXISTS] table _ name (

column _ name datatype,

......

)

这个结构很简单，对于 [IF NOT EXISTS]，在第一篇"MySQL 基本操作"已经说明，这里不赘述。

我们来创建一个数据表 table1：

```
mysql> CREATE TABLE table1 (
    -> username VARCHAR (20),
    -> age TINYINT UNSIGNED,
    -> salary FLOAT (8, 2) UNSIGNED
    -> );
Query OK, 0 rows affected (0.74 sec)
```

注意这里的 UNSIGNED，表示无符号值，即是正数，可回顾"MySQL 基本数据类型"查看，TINYINT UNSIGNED 表示 0 ~ 255 之间的数值。

这里提示创建成功，我们可以通过以下语句来验证一下：

```
SHOW TABLES [FROM db _ name] [LIKE ´pattern´ | WHERE expr]
mysql> SHOW TABLES FROM D1;
+ - - - - - - - - - - - - - +
| Tables _ in _ d1 |
+ - - - - - - - - - - - - - +
| table1           |
+ - - - - - - - - - - - - - +
1 row in set (0.00 sec)
```

这里我们可以看到创建了 table1 这张表。

 ## 12.5.2 查看数据表结构

```
SHOW COLUMNS FROM tbl _ name
mysql> SHOW COLUMNS FROM table1；
+ - - - - - - - - - + - - - - - - - - - - - - - - - - - - - + - - - - -
```

```
- + - - - - - + - - - - - - - - - + - - - - - - - +
  | Field    | Type                   | Null | Key | Default | Extra |
  + - - - - - + - - - - - - - - - - - - - - - - + - - - - - -
- + - - - - - + - - - - - - - - - + - - - - - - - +
  | username | varchar (20)           | YES  |     | NULL    |       |
  | age      | tinyint (3) unsigned   | YES  |     | NULL    |       |
  | salary   | float (8, 2) unsigned  | YES  |     | NULL    |       |
  + - - - - - + - - - - - - - - - - - - - - - - + - - - - -
- + - - - - - + - - - - - - - - - + - - - - - - - +
  3 rows in set (0.10 sec)
```

 12.5.3 插入记录

创建完表之后就要写入数据了，通过以下语句插入记录：

INSERT［INTO］tbl＿name［（col＿name，...）］VALUE（val，...）

这里［（col＿name，...）］为可选项，如果不添加，那么在 VALUE 里面的值必须一一与数据表的字段对应，否则无法插入，我们看一下：

mysql＞ INSERT table1 VALUE（"LI"，20，6500.50）；
Query OK, 1 row affected (0.14 sec)

这里 VALUE 括号里面与 table1 的字段一一对应，分别为 username＝"LI"，age＝20，salary＝6500.50

下面我们再插入一条数据，但是没有对应：

mysql＞ INSERT table1 Value（"Wang"，25）；
ERROR 1136 (21S01)：Column count doesn't match value count at row 1

无法插入，因为没有给出 salary 的值。
通过添加［（col＿name，...）］即可灵活插入数据：

mysql＞ INSERT table1 (username, age) VALUE（"Wang"，25）；
Query OK, 1 row affected (0.11 sec)

table1 与 VALUE 一一对应。

 12.5.4 查找表数据

前面已经插入了两条数据，可以通过以下语句查找表数据：
SELECT expr, ... FROM tbl＿name
对于数据库的查找语句 SELECT，内容比较多，后面文章会具体讲解，我们用一个简单的语句来查找表的内容：

```
mysql> SELECT * FROM table1
    -> ;
+----------+------+---------+
| username | age  | salary  |
+----------+------+---------+
| LI       |   20 | 6500.50 |
| Wang     |   25 |    NULL |
+----------+------+---------+
2 rows in set (0.00 sec)
```

注意 MySQL 语句是以";"结尾，如果忘了写是无法执行语句的，在箭头后面添加分号即可；这里我们可以看到表里面有两条刚刚写入的数据。

12.5.5 表创建的基本约束

字段的 NULL 与 NOT NULL

在创建表的时候，我们可以设定该字段是否可为空，如果不可为空，那么在插入数据时，则不能为空。

我们来创建一个数据表 table2：

```
mysql> CREATE TABLE table2 (
    -> username VARCHAR (20) NOT NULL,
    -> age TINYINT UNSIGNED NULL,
    -> salary FLOAT (8, 2)
    -> );
```

这里 username 为非空，age 为 NULL，salary 不写，我们来查看表结构：

```
mysql> SHOW COLUMNS FROM table2;
+----------+--------------------+------+-----+---------+-------+
| Field    | Type               | Null | Key | Default | Extra |
+----------+--------------------+------+-----+---------+-------+
| username | varchar (20)       | NO   |     | NULL    |       |
| age      | tinyint (3) unsigned | YES  |     | NULL    |       |
| salary   | float (8, 2)       | YES  |     | NULL    |       |
+----------+--------------------+------+-----+---------+-------+
3 rows in set (0.01 sec)
```

从这里我们可以看到，username 的 NULL 为 NO，其他两个字段为 YES，对于可以为空的字段，写不写 NULL 都表示可以为空。

12.5.6 自动编号

AUTO _ INCREMENT

auto _ increment, auto 自动, increment 是增加的意思, 组合起来表示自动增加, 也就是可以自动按照从小到大的顺序编号。

只能用于主键（主键表示表中数据的唯一表示，可以通过主键来区分表中的数据）

默认情况下为1，增量为1

下面来操作一下：

```
mysql> CREATE TABLE table3 (
    -> id SMALLINT UNSIGNED AUTO _ INCREMENT,
    -> username VARCHAR (20)
    -> );
ERROR 1075 (42000): Incorrect table definition; there can be only one auto column and it must be defined as a key
```

报错，因为 id 没有设置为主键。

 12.5.7 设置主键

PRIMARY KEY
主键约束
每张表只能存在一个主键
主键保证记录的唯一性
主键自动为 NOT NULL

那么我们添加主键，重新操作一次：

```
mysql> CREATE TABLE table3 (
    -> id SMALLINT UNSIGNED AUTO _ INCREMENT PRIMARY KEY,
    -> username VARCHAR (20)
    -> );
Query OK, 0 rows affected (0.42 sec)
```

注意顺序，PRIMARY KEY 要放在最后。

这样我们就创建成功，下面依次插入数据，并查看结果：

```
mysql> INSERT table3 (username) VALUES (" Zhang");
Query OK, 1 row affected (0.09 sec)
mysql> INSERT table3 (username) VALUES (" Weng");
Query OK, 1 row affected (0.07 sec)
mysql> INSERT table3 (username) VALUES (" Chen");
Query OK, 1 row affected (0.09 sec)
```

```
mysql> SELECT * FROM table3;
+ - - - - + - - - - - - - - - - +
| id | username |
+ - - - - + - - - - - - - - - - +
|  1 | Zhang    |
|  2 | Weng     |
|  3 | Chen     |
+ - - - - + - - - - - - - - - - +
3 rows in set (0.00 sec)
```

我们可以看到 id 自动编号,从小到大一次依次编号。

 12.5.8 唯一约束

UNIQUE KEY

唯一约束

唯一约束保证记录不可重复(唯一性)

唯一约束可以为空值(NULL)

可以有多个唯一约束

```
mysql> CREATE TABLE table4 (
    -> id SMALLINT UNSIGNED AUTO _ INCREMENT PRIMARY KEY,
    -> username VARCHAR (20) UNIQUE KEY,
    -> age TINYINT UNSIGNED
    -> );
Query OK, 0 rows affected (0.43 sec)
mysql> INSERT table4 (username) VALUE (" Li");
Query OK, 1 row affected (0.11 sec)
mysql> INSERT table4 (username) VALUE (" Li");
ERROR 1062 (23000): Duplicate entry 'Li' for key 'username'
mysql> INSERT table4 (username) VALUE (" Chen");
Query OK, 1 row affected (0.10 sec)
```

对于 username 我们设置为唯一约束,所以 Li 不可被重复创建,改为"Chen"即可。注意这里只是实验,在实际操作中,名字相同还是常有的,应该根据实际情况建立数据表。

 12.5.9 默认值 DEFAULT

通过 DEFAULT 来设置默认值,如果在插入数据时没给给出相应的值,那么就用默认的,下面的例子就是设置 number 的默认值为 3,在插入数据的时候,因为没有给出 number,所以默认为 3。

254

```
mysql> CREATE TABLE table5 (
    -> number ENUM ("1","2","3") DEFAULT "3",
    -> username VARCHAR (20)
    -> );
Query OK, 0 rows affected (0.41 sec)
mysql> INSERT table5 (username) VALUES ("Luo");
Query OK, 1 row affected (0.10 sec)
mysql> INSERT table5 (username) VALUES ("Fang");
Query OK, 1 row affected (0.15 sec)
mysql> SELECT * FROM table5;
+ - - - - - - - - + - - - - - - - - - - +
| number | username |
+ - - - - - - - - + - - - - - - - - - - +
| 3      | Luo      |
| 3      | Fang     |
+ - - - - - - - - + - - - - - - - - - - +
2 rows in set (0.00 sec)
```

 ## 12.6 数据表记录的操作

 ### 12.6.1 插入数据

向数据表中增加记录，可以使用下列语句：

$ mysql _ command = "insert into <数据表名>（<字段名1>，…，<字段名n>）values（<值1>，…，<值n>）";

$ result = mysql _ query（$ mysql _ command）;

利用 SQL 命令 insert into 向表中插入新行，数据表名即向其插入数据的表，字段名要与后面的 values 值一一对应。向表中插入数据也可以使用如下语句。

$ result = mysql _ query（"insert into <数据表名>（<字段名1>，…，<字段名n>）values（<值1>，…，<值n>）");

```php
<? php
                    /*步骤一：设置初始变量*/
        $ host = "localhost";
        $ user = "root";
        $ password = "123456";
```

```
                    /*$dbase_name：数据库名称  $table_name数据表名称*/
            $dbase_name="students";
            $table_name="classone";
                        /*步骤二：连接数据库服务器*/
        $conn=mysql_connect($host,$user,$password)  or
                die("连接数据库服务器失败。".mysql_error());
    echo"数据库服务器：$host用户名称：$user<br>";
                        /*步骤三：连接数据库*/
    mysql_select_db($dbase_name,$conn) or
                die("连接数据库失败。".mysql_error());
    echo  "数据库：$dbase_name  数据表：$table_name  <br>";
                    /*数据表的字段为中文时，进行代码转换.*/
    mysql_query("SETNAMES´GB2312´");
                    /*步骤四：增加记录*/
                    /*以下两条语句\"是字符转义。*/
    $mysql_command="insertinto".$table_name."(name,numb,age)val-
ues(\"";

    $mysql_command=$mysql_command."刘华\",\"200801\",27)";
    $result=mysql_query($mysql_command) or
                die("数据表：$table_name  增加记录失败!".mysql_error
());

    echo"成功增加数据表:".$table_name."的记录。";
    ?>
```

12.6.2 修改记录

修改表中的记录，可以使用如下语句：

```
    $mysql_command="update<数据表名>set<字段名1>=<字段值1>where
<字段名2><运算符><字段值2>"
    $result=mysql_query($mysql_command);
```

update语句是用新值更新现存表中指定的字段值。set后面字段名1是要修改的列，字段值1是要修改的原始值，where后面指定要更新的字段名及更新的范围。修改表中的记录还可以使用如下语句：

```
    $result=mysql_query("update<数据表名>set<字段名1>=<字段值1>
where<字段名2><运算符><字段值2>");
    <?php
    /*步骤一：设置初始变量*/
    $host="localhost";
    $user="root";
    $password="123456";
```

```
        /* $ dbase_name：数据库名称　$ table_name 数据表名称 */
        $ dbase_name = " students";
        $ table_name = " classone";
    /* 步骤二：连接数据库服务器 */
        $ conn = mysql_connect ( $ host， $ user， $ password)　or
        die (" 连接数据库服务器失败。".mysql_error ());
        echo " 数据库服务器：$ host　　用户名称：$ user　<br>";
        /* 步骤三：连接数据库 */
        mysql_select_db ( $ dbase_name， $ conn) or
        die (" 连接数据库失败。".mysql_error ());
        echo " 数据库：$ dbase_name　　数据表：$ table_name　<br>";
        /* 进行代码转换. */
        mysql_query (" SETNAMES 'GB2312'");
        /* 步骤四：修改记录 */
        $ mysql_command = " update" . $ table_name." set name = \" 刘华 \"";
          $ mysql_command = $ mysql_command." 　where name = \" 张友 \"";
          $ result = mysql_query ( $ mysql_command)　or
          die (" 数据表：$ table_name　修改记录失败!" .mysql_error ());
        echo" 成功修改数据表:" . $ table_name." 的记录。";
    ?>
```

12.6.3　删　除　记　录

要从数据表中删除表记录，可以使用如下语句：

```
$ mysql_command = " delete from <数据表名> where <字段名> <运算符> <字
段值>";
$ result = mysql_query ( $ mysql_command);
```

首先通过 delete from 命令删除符合条件的记录，第二行将删除记录的信息赋给变量 $ re-sult。也可以使用如下格式删除记录：

```
$ result = mysql_query (" delete from <数据表名> where <字段名> <运算符>
<字段值>");
<? php
        /* 步骤一：设置初始变量 */
        $ host = " localhost";
        $ user = " root";
        $ password = " 123456";
        /* $ dbase_name：数据库名称　$ table_name 数据表名称 */
        $ dbase_name = " students";
        $ table_name = " classone";
        /* 步骤二：连接数据库服务器 */
```

```
$ conn = mysql _ connect ($ host, $ user, $ password)  or
die (" 连接数据库服务器失败。".mysql _ error ());
echo " 数据库服务器：$ host    用户名称：$ user  <br>";
/ * 步骤三：连接数据库 * /
mysql _ select _ db ($ dbase _ name, $ conn) or
die (" 连接数据库失败。".mysql _ error ());
echo " 数据库：$ dbase _ name    数据表：$ table _ name  <br>";
/ * 进行代码转换. * /
mysql _ query (" SETNAMES ´GB2312´");
/ * 步骤四：删除记录 * /
$ mysql _ command = " deletefrom " . $ table _ name." where name = \ " 张友
\"";
$ result = mysql _ query ($ mysql _ command)  or
die (" 数据表：$ table _ name   删除记录失败!".mysql _ error ());
echo" 成功删除数据表:". $ table _ name." 的记录。";
? >
```

12.6.4 提取记录

PHP 利用函数 mysql _ fetch _ row () 从数据表中提取满足条件的记录，其结构形式为：

```
mysql _ fetch _ row ($ result)
```

$ result 为数据表记录，函数从数据表中提取记录，第一个字段的值放入到指定数组第 0 个单元、第二个字段的值放入到指定数组第一个单元，第三个字段的值放入到指定数组第二个单元，依此类推。其使用方法通过下面的实例来讲解。

```
<? php
/ * 步骤一：设置初始变量 * /
$ host = "localhost";
$ user = "root";
$ password = "123456";
/ * $ dbase _ name：数据库名称  $ table _ name 数据表名称 * /
$ dbase _ name = " people"; $ table _ name = " students";
/ * 步骤二：连接数据库服务器 * /
$ conn = mysql _ connect ($ host, $ user, $ password)  or
die (" 连接数据库服务器失败。".mysql _ error ());
echo " 数据库服务器：$ host    用户名称：$ user  <br>";
/ * 步骤三：连接数据库 * /
mysql _ select _ db ($ dbase _ name, $ conn) or
die (" 连接数据库失败。".mysql _ error ());
```

```
echo  " 数据库：$ dbase_name    数据表：$ table_name  <br>";
/*数据表的字段为中文时，进行代码转换.*/
mysql_query (" SETNAMES ´GB2312´");
/*步骤四：得到数据记录集合*/
$ mysql_command = " select * from " . $ table_name;
$ result = mysql_query ($ mysql_command, $ conn) or
  die (" <br> 数据表无记录。<br>");
    /*步骤五：逐条显示记录*/
    $ i = 0;
    while ( $ record = mysql_fetch_row ($ result)){
    $ i = $ i + 1;
    echo" ID号：" . $ record [0];
    echo" 姓名：" . $ record [1];
    echo" 年龄：" . $ record [2];
    echo " 性别：" . $ record [3];
      echo" 电话：" . $ record [4];
      echo" <br>";
    }
      echo" 成功显示数据表:" . $ table_name." 的记录。记录数:"; echo  $ i;
? >
```

12.6.5 指定记录提取

mysql_data_seek () 语句实现从数据表提取的结果集合中得到指定记录号的记录，其结构形式为：

```
$ record = mysql_data_seek ($ result, ♯);
```

$ result 为数据记录集合变量，通常是利用 mysql_query () 语句得到的，♯ 为期望得到的记录号（整型数）

```
<? php
  /*步骤一：设置初始变量*/
  $ host = " localhost";
  $ user = " root";
  $ password = " 123456";
  /* $ dbase_name：数据库名称   $ table_name 数据表名称*/
$ dbase_name = " students";
  $ table_name = " classone";
  /*步骤二：连接数据库服务器*/
  $ conn = mysql_connect ($ host, $ user, $ password)  or
  die (" 连接数据库服务器失败。" . mysql_error ());
  echo  " 数据库服务器：$ host   用户名称：$ user  <br>";
```

```
        /＊步骤三：连接数据库 ＊/
        mysql＿select＿db（＄dbase＿name，＄conn）or
        die（"连接数据库失败。" . mysql＿error（））；
        echo "数据库：＄dbase＿name    数据表：＄table＿name ＜br＞"；
        /＊数据表的字段为中文时，进行代码转换。＊/
        mysql＿query（" SETNAMES ´GB2312´"）；
        /＊步骤四：得到数据记录 ＊/
        ＄mysql＿command = " select ＊ from " . ＄table＿name；
        ＄result = mysql＿query（＄mysql＿command，＄conn）or
        die（" ＜br＞数据表无记录。＜br＞"）；
        ＄record = mysql＿data＿seek（＄result，1）；
        ＄rec = mysql＿fetch＿array（＄result）；
        /＊步骤五：显示数据 ＊/
    echo" ＜br＞学生个人信息 "；
    echo" ＜table border = 1＞"；
    echo" ＜tr＞＜td＞姓 名＜/td＞＜td＞年 龄＜/td＞＜/tr＞"；
        echo" ＜tr＞"；
        echo"     ＜td＞＄rec［name］＜/td＞"；
        echo"         ＜td＞＄rec［age］＜/td＞＜/tr＞"；
        echo" ＜/table＞"；
    ? ＞
```

12.6.6 提取记录个数

mysql＿num＿rows（）语句实现从数据表提取的结果中得到记录个数，这条语句一般与mysql＿query（）联合起来使用，其一般结构形式为：

```
    ＄mysql＿command = " select ＊ from my＿test"；
    ＄result = mysql＿query（＄mysql＿command，＄conn）；
    ＄record＿count = mysql＿number＿rows（＄result）；
```

此语句在查询数据库个数、数据表个数时均已使用，其用法一样。下面通过实例来讲解用这个函数提取记录个数的方法。

```
＜? php
        /＊步骤一：设置初始变量 ＊/
        ＄host = " localhost"；
        ＄user = "root"；
        ＄password = "123456"；
        /＊＄dbase＿name：数据库名称    ＄table＿name 数据表名称 ＊/
        ＄dbase＿name = " students"；
        ＄table＿name = " classone"；
```

```
/*步骤二：连接数据库服务器 */
$ conn = mysql _ connect ($ host, $ user, $ password)    or
die (" 连接数据库服务器失败。".mysql _ error ());
echo  " 数据库服务器：$ host     用户名称：$ user  <br>";
/*步骤三：连接数据库 */
mysql _ select _ db ($ dbase _ name, $ conn) or
die (" 连接数据库失败。".mysql _ error ());
echo  " 数据库：$ dbase _ name    数据表：$ table _ name  <br>";
/*数据表的字段为中文时，进行代码转换. */
mysql _ query (" SETNAMES ′GB2312′");
/*步骤四：得到数据记录 */
$ mysql _ command = " select * from " . $ table _ name." where age>20  "
$ result = mysql _ query ($ mysql _ command, $ conn) or
die (" <br> 数据表无记录。<br>");
/*步骤五：显示数据 */
$ record _ count = mysql _ num _ rows ($ result);
echo" <br> 学生信息表 ";
echo" <table border = 1>";
echo" <tr><td>年龄大于 20 的记录数</td></tr>";
echo" <tr><td> $ record _ count </td></tr>";
echo" </table>";
?>
```

12.7 数据表记录的查询操作

SELECT 语句中可以设置查询条件。我们可以根据自己的需要来设置查询条件，按条件进行查询，查询的结果必须符合查询条件。

例如，如果查找 d _ id 为 1001 的记录，那么可以设置"d _ id＝1001"为查询条件。这样查询结果中的记录就都会符合"d _ id＝1001"这个条件。

WHERE 子句可以指定查询条件，基本的语法格式如下：

WHERE 条件表达式

条件表达式：指定 SELECT 语句的查询条件。

实例

查询 employee 表中 d _ id 为 1001 的记录。SELECT 语句的代码如下：

SELECT * FROM employee WHERE d _ id = 1001;

在 DOS 提示符窗口中查看查询 employee 表中 d_id 为1001 的记录的操作效果。如下图所示：

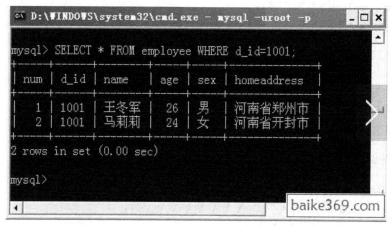

上图中代码执行的结果显示只包含 d_id 为1001 的记录。

根据指定的条件进行查询时，如果没有查出任何结果，系统会提示"Empty set（0.00sec）"信息。如下图所示：

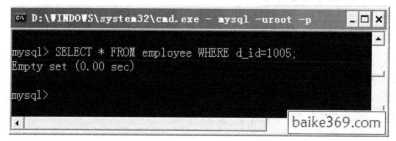

因为 employee 表中没有满足"d_id＝1005"的记录，所以结果显示"Empty set（0.00 sec）"信息。

提示

条件表达式中设置的条件越多，查询出来的记录就越少。为了使查询出来的记录正是自己想要查询的记录，可以在 WHERE 子句中将查询条件设置的更加具体一些。

12.8 MySQL 中的特殊字符

12.8.1 关于 mysql 中特殊字符的使用注意事项

1 直接拼成 sql 情况

如果是" = "，需要转义的字符为'\
'转为´´

\ 转为 \ \ \ \

具体代码如下：

```
sql = sql.replace ("´","´´");
sql = sql.replace (" \ \"," \ \ \ \");
```

如果是" like"，需要转义的字符为 ' \ % _

´ 转为´´

\ 转为 \ \ \ \ \ \ \ \ （注意需要 8 个，汉）

% 转为 \ \ %

_ 转为 \ \ _

具体代码如下：

```
sql = sql.replace ("´","´´");
sql = sql.replace (" \ \"," \ \ \ \ \ \ \ \");
sql = sql.replace ("%"," \ \ %");
sql = sql.replace (" _"," \ \ _");
```

2 使用预处理 sql 情况

只有使用" like" 时才需要转义

\ 转为 \ \ \ \

% 转为 \ \ %

_ 转为 \ \ _

```
sql = sql.replace (" \ \"," \ \ \ \");
sql = sql.replace ("%"," \ \ %");
sql = sql.replace (" _"," \ \ _");
```

注意：因為 MySQL 在字符串中使用 C 轉義語法（例如， "\ n"），你必须在你的 LIKE 字符串中重複任何 "\"。例如，為了查找 "\ n"，指定它為 "\ \ n"，為了查找 "\"，指定它為 "\ \ \ \"（反斜线在 java 语法分析的时候被剥去一次，另一次是在数据库的模式匹配完成时，留下一條單獨的反斜線被匹配）。

php mysql 转义特殊字符的函数

一个是：mysql _ escape _ string

一个是：addslashes

mysql _ escape _ string 与 addslashes 的区别在于

mysql _ escape _ string 总是将 "'" 转换成 "\'"

而 addslashes

在 magic _ quotes _ sybase = on 时将 "'" 转换成 "''"

在 magic _ quotes _ sybase = off 时将 "'" 转换成 "\'"

php，就提供了一些函数，使你的查询语句符合你的要求，比如 mysql _ escape _ string

引用一个字符串，并返回一个结果，该结果可作为一个适当转义过的数据值在一个

SQL 语句中使用。字符串被单引号包围着返回，并且在该字符串中每个单引号（"'"）、反斜线符号（"\"）、ASCII NUL 和 Control－Z 出现的地方，在该字符之前均被加上了一个反斜线。如果参数是 NULL，那么结果值是一个没有单引号包围的单词"NULL"。QUOTE 函数在 MySQL 4.0.3 中被加入。

在往数据库里写数据的时候，有时要写入的字符串中包含了一些特殊的字符，如'，"，/，%等，不知道 mysql 本身有没有这种转义的函数，不是那些 api.

在一个字符串中，如果某个序列具有特殊的含义，每个序列以反斜线符号（"/"）开头，称为转义字符。MySQL 识别下列转义字符：

/0

一个 ASCII 0（NUL）字符。

/'

一个 ASCII 39 单引号（"'"）字符。

/"

一个 ASCII 34 双引号（"""）字符。

/b

一个 ASCII 8 退格符。

/n

一个 ASCII 10 换行符。

/r

一个 ASCII 13 回车符。

/t

一个 ASCII 9 制表符（TAB）。

/z

ASCII（26）（Control－Z）。这个字符可以处理在 Windows 系统中 ASCII（26）代表一个文件的结束的问题。（当使用 mysql database ＜ filename 时 ASCII（26）可能会引起问题产生。）

//

一个 ASCII 92 反斜线（"/"）字符。

/%

一个 ASCII 37 "%"字符。它用于在正文中搜索"%"的文字实例，否则这里"%"将解释为一个通配符。

/_

一个 ASCII 95 "_"字符。它用于在正文中搜索"_"的文字实例，否则这里"_"将解释为一个通配符。

注意如果在某些正文环境内使用"/%"或"/_"，将返回字符串"/%"和"/_"而不是"%"和"_"。

字符串中包含引号的可以有下列几种写法：

一个字符串用单引号"'"来引用的，该字符串中的单引号"'"字符可以用"''"方式转义。

一个字符串用双引号""""来引用的,该字符串中的""""字符可以用"""""方式转义。

你也可以继续使用在引号前加一个转义字符"/"来转义的方式。

一个字符串用双引号""""来引用的,该字符串中的单引号"'"不需要特殊对待而且不必被重复或转义。同理,一个字符串用单引号"'"来引用的,该字符串中的双引号"""不需要特殊对待而且不必被重复或转义。

下面显示的 SELECT 演示引号和转义是如何工作:

```
mysql> SELECT 'hello', '" hello"', '"" hello""', 'hel'lo', '/'hello'; + - - - - -
- + - - - - - - - - - + - - - - - - - - + - - - - - - - + - - - - -
+ | hello | " hello" | "" hello"" | hel'lo | 'hello | + - - - - - + - - - - - -
- - - - + - - - - - - - - - + - - - - - - - + - - - - - - - +

mysql> SELECT " hello", "'hello'", "''hello''", " hel"" lo", " /" hello"; + - - - -
- - - + - - - - - - - + - - - - - - - - - + - - - - - - - + - - - - - -
- - + | hello | 'hello' | ''hello'' | hel" lo | " hello | + - - - - - - - + -
- - - - - - + - - - - - - - - + - - - - - - + - - - - - - - +

mysql> SELECT " This/nIs/nFour/nlines"; + - - - - - - - - - - - - - - - - - -
- - + | ThisIsFourlines | + - - - - - - - - - - - - - - - - - - +
```

如果你想要把二进制数据插入到一个字符类型的字段中(例如 BLOB),下列字符必须由转义序列表示:

NUL

ASCII 0,你应该用"/0"(一个反斜线和一个 ASCII "0"字符)表示它。

/

ASCII 92,反斜线。需要用"//"表示。

'

ASCII 39,单引号。需要用"/'"表示。

"

ASCII 34,双引号。需要用"/""表示。

你应该在任何可能包含上述特殊字符的字符串中使用转义函数!

另外,很多 MySQL API 提供了一些占位符处理能力,这允许你在查询语句中插入特殊标记,然后在执行查询时对它们绑定数据值。这样,API 会自动为你从数值中转换它们。

 ### 12.8.2 MySQL 用 LIKE 特殊字符搜索

SQL 的 LIKE 查询语句中,有一些特殊的字符,需要转换后才能搜索到结果:

':用于包裹搜索条件,需转为 \ ';

% :用于代替任意数目的任意字符,需转换为 \ %;

_ :用于代替一个任意字符,需转换为 \ _;

\：转义符号，需转换为 \ \ \ \。

以下是一些匹配的举例。

```
SELECT * FROM `table` WHERE `title` LIKE 'a\ `b%';          -- 搜索 a`b...
SELECT * FROM `table` WHERE `title` LIKE 'a\ %b%';          -- 搜索 a%b...
SELECT * FROM `table` WHERE `title` LIKE 'a\ _b%';          -- 搜索 a_b...
SELECT * FROM `table` WHERE `title` LIKE 'a\ \ \ %';        -- 搜索 a\b...
```

在 PHP 代码中，可以用这样的方法批量替换：

```
function filterLike ( $ keyword) {
    $ search = array ('\'', '%', '_', '\ \ ');
    $ replace = array ('\ \ \'', '\ \ %', '\ \ _', '\ \ \ \ \ \ \ ');
    return str_replace ( $ search, $ replace, $ keyword);
```

 12.8.3 MySQL 创建带特殊字符的数据库名称方法示例

使用反引号将数据库名称包含住，反引号`（使用引号是不可以的）即在英文输入法状态下，按 Esc 键对应下方的键即可出来。当然在没有使用反引号`包含数据库名称的时候，若数据库名称含有特殊字符，则会报错。

例如，使用下面的创建命令是会报错的：

```
? 12 mysql> CREATE DATABASE www.mafutian.net DEFAULT CHARSET UTF8;
1064 – Erreur de syntaxe près de '.mafutian.net DEFAULT CHARSET UTF8' à la ligne 1
```

正确创建方法：

```
? 12 mysql> CREATE DATABASE `www.mafutian.net` DEFAULT CHARSET UTF8;
Query OK, 1 row affected
```

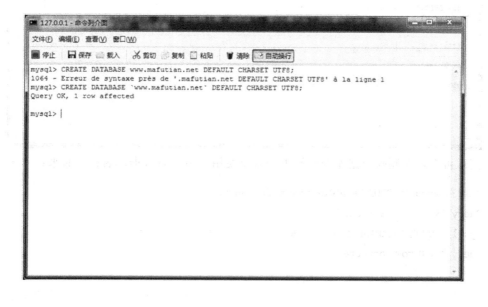

另外实例：

? 1234567891011121314 mysql＞ CREATE DATABASE ˋ! @ # $ % ∧ & * （） _ + . ˋ DEFAULT CHARSET UTF8；

Query OK，1 row affected

mysql＞ USE ! @ # $ % ∧ & * （） _ + .

-＞ ；

1064 - Erreur de syntaxe près de ´! @ # $ % ∧ & * （） _ + .´ à la ligne 1

mysql＞ USE ˋ! @ # $ % ∧ & * （） _ + . ˋ；

Database changed mysql＞ SELECT database （）；

```
+ - - - - - - - - - - - - - - +
| database （）
| + - - - - - - - - - - - - - +
| ! @ # $ % ∧ & * （） _ + . |
+ - - - - - - - - - - - - - - +
```

1 row in set

从上可以看出，在选择数据库的时候，也是需要使用反引号将数据库名称引起来。如下图：

同理可知，在删除数据库的时候也是需要使用反引号将数据库名称引起来：

? 1234 mysql＞ DROP DATABASE ˋwww. mafutian. netˋ；

Query OK，0 rows affected

mysql＞ DROP DATABASE ˋ! @ # $ % ∧ & * （） _ + . ˋ；

Query OK，0 rows affected

12.9 MySQL 图形化管理工具

MySQL 的管理维护工具非常多，除了系统自带的命令行管理工具之外，还有许多其他的图形化管理工具，这里我介绍几个经常使用的 MySQL 图形化管理工具，供大家参考。

MySQL 是一个非常流行的小型关系型数据库管理系统，2008 年 1 月 16 号被 Sun 公司收购。目前 MySQL 被广泛地应用在 Internet 上的中小型 网站中。由于其体积小、速度快、总体拥有成本低，尤其是开放源码这一特点，许多中小型网站为了降低网站总体拥有成本而选择了 MySQL 作为网站数据库。

1. phpMyAdmin

phpMyAdmin 是最常用的 MySQL 维护工具，是一个用 PHP 开发的基于 Web 方式架构在网站主机上的 MySQL 管理工具，支持中文，管理数据库非常方便。不足之处在于对大数据库的备份和恢复不方便。

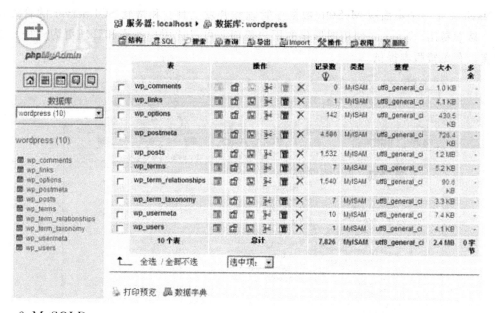

2. MySQLDumper

MySQLDumper 使用 PHP 开发的 MySQL 数据库备份恢复程序，解决了使用 PHP 进行大数据库备份和恢复的问题，数百兆的数据库都可以方便的备份恢复，不用担心网速太慢导致中间中断的问题，非常方便易用。这个软件是德国人开发的，还没有中文语言包。

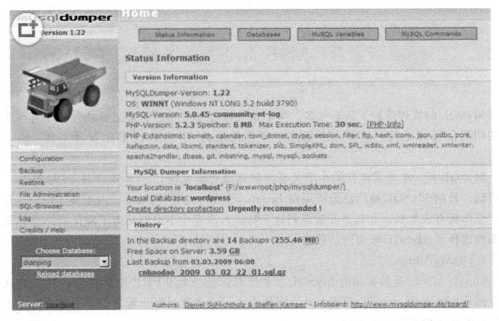

3. Navicat

Navicat 是一个桌面版 MySQL 数据库管理和开发工具。和微软 SQLServer 的管理器很像，易学易用。Navicat 使用图形化的用户界面，可以让用户使用和管理更为轻松。支持中文，有免费版本提供。

4. MySQL GUI Tools

MySQL GUI Tools 是 MySQL 官方提供的图形化管理工具，功能很强大，值得推荐，可惜的是没有中文界面。

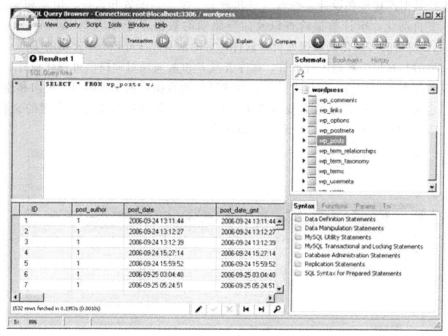

5. MySQL ODBC Connector

MySQL 官方提供的 ODBC 接口程序，系统安装了这个程序之后，就可以通过 ODBC 来访问 MySQL，这样就可以实现 SQLServer、Access 和 MySQL 之间的数据转换，还可以支持 ASP 访问 MySQL 数据库。

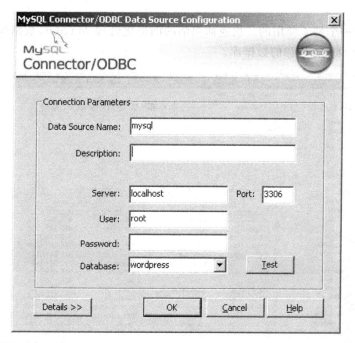

6. MySQL Workbench

MySQL Workbench 是一个统一的可视化开发和管理平台，该平台提供了许多高级工具，可支持数据库建模和设计、查询开发和测试、服务器配置和监视、用户和安全管理、备份和恢复自动化、审计数据检查以及向导驱动的数据库迁移。MySQL Workbench 是 MySQL AB 发布的可视化的数据库设计软件，它的前身是 FabForce 公司的 DDesigner 4。MySQL Workbench 为数据库管理员、程序开发者和系统规划师提供可视化设计、模型建立、以及数据库管理功能。它包含了用于创建复杂的数据建模 ER 模型，正向和逆向数据库工程，也可以用于执行通常需要花费大量时间和需要的难以变更和管理的文档任务。MySQL 工作台可在 Windows，Linux 和 Mac 上使用。

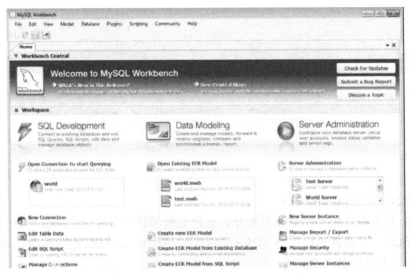

7. SQLyog

SQLyog 是一个易于使用的、快速而简洁的图形化管理 MYSQL 数据库的工具，它能够在任何地点有效地管理你的数据库。

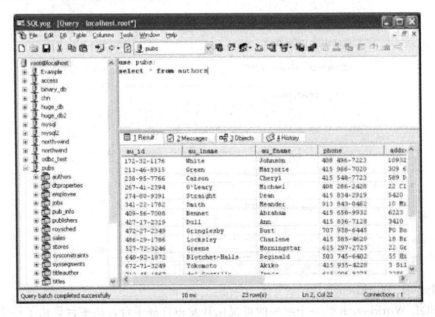

SQLyog 是业界著名的 Webyog 公司出品的一款简洁高效、功能强大的图形化 MySQL 数据库管理工具。使用 SQLyog 可以快速直观地让您从世界的任何角落通过网络来维护远端的 MySQL 数据库。

 ## 12.10 难点解答

drop、delete 和 truncate 的区别

delete 和 truncate 操作只删除表中数据，而不删除表结构；使用 delete 删除时，对于 auto increment

类型的字段，值不会从 1 开始，而 truncate 可以实现删除数据后，auto increment 类型的字段值从 1 开始。但是 drop 语句将删除表的结构、被依赖的约束（constramt）、触发器（trigger）、索引（index）等。依赖于该表的存储过程或函数将保留，但是变为 invalid 状态。

属于不同类型的操作，delete 属于 DML，这个操作会放到 rollback segement 中，事务提交之后才生效；如果有相应的 trigger，执行的时候将被触发。而 truncate 和 drop 属于 DDL，操作立即生效，原数据不放到 rollback segment 中，不能回滚，操作不触发 trigger。

执行速度：drop > truncate > delete。

安全性：小心使用 drop 和 truncate，尤其没有备份的时候。具体使用时，想删除部分数据行用 delete，注意带上 where 子句。此外，回滚段要足够大。

使用建议：完全删除表使用 drop；想保留表而将所有数据删除，如果和事务无关，使用 truncate，如果和事务有关，或者想触发 trigger，使用 delete。

 ## 12.11 小结

本章主要介绍 MySQL 数据库的基本操作，包括创建、查看、选择、删除数据库；创建、修改、更名、删除数据表；插入、浏览、修改、删除记录，这些是程序开发人员必须掌握的内容。如果用户不习惯在命令提示符下管理数据库，可以在可视化的图形工具中轻松操作和管理数据库。另外，本章还介绍了启动、连接和断开 MySQL 服务器的方法，要求读者熟练掌握。

12.12 实践与练习

　　1. 创建一个数据库 db _ shop，然后查看 MySQL 服务器中所有的数据库，确认数据库 db _ shop 竃1否创建成功。如果该数据库成功创建，则选择该数据库并进行删除操作。

　　2. 将会员信息表 tb _ shangpin 更名为 tb _ shop。（答案位置：光盘 \ TM \ s1 \ 16 \ 3 y

　　3. 向商品信息表 tb _ shop 的各字段中添加 10 条商品信息。

　　4. 浏览商品信息表 tb _ shop 中的全部数据，将第一条数据的商品名称修改为"数码相机"，将该表中的最后一条数据删除。

第13章

PHP操作MySQL数据库

13.1 PHP 操作 MySQL 数据库的方法

PHP 的 mysqli 扩展提供了其先行版本的所有功能，此外，由于 MySQL 已经是一个具有完整特性的数据库服务器，这为 PHP 又添加了一些新特性。而 mysqli 恰恰也支持了这些新特性。

13.1.1 建立和断开连接

与 MySQL 数据库交互时，首先要建立连接，最后要断开连接，这包括与服务器连接并选择一个数据库，以及最后关闭连接。与 mysqli 几乎所有的特性一样，这一点可以使用面向对象的方法来完成，也可以采用过程化的方式完成。

1. 创建一个 mysqli 的对象

```
$ _ mysqli = newmysqli ();
```

2. 连接 MySQL 的主机、用户、密码、数据库

```
$ _ mysqli->connect (´localhost´, ´root´, ´yangfan´, ´guest´);
```

3. 创建带连接参数的 mysqli 对象

```
$ _ mysqli = newmysqli (´localhost´, ´root´, ´yangfan´, ´guest´);
```

4. 单独选择数据库

```
$ _ mysqli->select _ db (´testguest´);
```

5. 断开 MySQL

```
$ _mysqli->close ();
```

13.1.2 处理连接错误

如果无法连接 MySQL 数据库，那么这个页面不太可能继续完成预期的工作。因此，一定要注意监视连接错误并相应地做出反应。Mysqli 扩展包含有很多特性可以用来捕获错误信息，例如：mysqli_connect_errno () 和 mysqli_connect_error () 方法。

mysqli_connect_errno () 函数返回连接数据库返回的错误号。

Mysqli_connect_error () 函数返回连接数据库返回的错误代码。

```
if (mysqli_connect_errno ()) {
echo' 数据库连接错误，错误信息'.mysqli_connect_error ();
exit ();
}
```

errno 属性返回数据库操作时的错误号。

error 属性返回数据库操作时的错误代码。

```
if ( $ _mysqli ->errno) {
echo' 数据库操作时发生错误，错误代码是：'. $ _mysqli ->error;
}
```

13.1.3 与数据库进行交互

绝大多数查询都与创建（Creation）、获取（Retrieval）、更新（Update）和删除（Deletion）任务有关，这些任务统称为 CRUD。

1. 获取数据

网页程序大多数工作都是在获取和格式化所请求的数据。为此，要向数据库发送 SELECT 查询，再对结果进行迭代处理，将各行输出给浏览器，并按照自己的要求输出。

```
// 设置一下编码 utf8
$ _mysqli->set_charset ( " utf8" );
// 创建一句 SQL 语句
$ _sql = " SELECT * FROM t g_user" ;
// 执行 sql 语句把结果集赋给 $ _result
$ _result = $ _mysqli->query ( $ _sql );
// 将结果集的第一行输出
print_r ( $ _result->fetch_row ());
// 释放查询内存（ 销毁 ）
$ _result->free ();
```

2. 解析查询结果

一旦执行了查询并准备好结果集，下面就可以解析获取到的结果行了。你可以使用多个方法来获取各行中的字段，具体选择哪一个方法主要取决于个人喜好，因为只是引用字段的方法有所不同。

将结果集放到对象中

由于你可能会使用 mysqli 的面向对象的语法，所以完全可以采用面向对象的方式管理结果集。可以使用 fetch_object() 方法来完成。

```
// 将结果集包装成对象
$_row = $_reslut->fetch_object();
// 输出对象中的一个字段（属性）
echo $_row->tg_username;
// 遍历所有的用户名称
while(!! $_row = $_reslut->fetch_object()){
echo $_row->tg_username.'<br />';
}
```

使用索引数组和关联数组
```
// 将结果集包装成数组（索引 + 关联）
$_row = $_reslut->fetch_array();
// 输出下标是 3 的字段（属性）
echo $_row[3];
// 将结果集包装成索引数组
$_row = $_reslut->fetch_row();
echo $_row[3];
// 将结果集包装成关联数组
$_row = $_reslut->fetch_assoc();
echo $_row['tg_username'];
```

3. 确定所选择的行和受影响的行

通常希望能够确定 SELECT 查询返回的行数，或者受 INSERT 、UPDATE 或 DE-LET 查询影响的行数。我们可以使用 num_rows 和 affected_rows 两个属性

```
// 当使用查询时，想了解 SELECT 查询了多少行，可以使用 num_rows 。
echo $_reslut->num_rows;
// 当使用查询时，想了解 SELECT 、INSERT 、UPDATE 、DELETE 查询时影响的行数，可以使
用 affected_rows；注意，它是 $_mysqli 下的属性
echo $_mysqli->affected_rows;
```

4. 移动指针的操作和获取字段

当你并不想从第一条数据开始获取，或者并不想从第一个字段获取，你可以使用数

据指针移动或者字段指针移动的方式调整到恰当的位置。当然，你还可以获取字段的名称及其相关的属性。

```php
// 计算有多少条字段
echo $_reslut->field_count;
// 获取字段的名称
$_field = $_reslut->fetch_field();
echo $_field->name;
// 遍历字段
while (!! $_field = $_reslut->fetch_field()) {
echo $_field->name.'<br />';
}
// 一次性取得字段数组
print_r($_reslut->fetch_fields());
// 移动数据指针
$_reslut->data_seek(5);
// 移动字段指针
$_reslut->field_seek(2);
```

5. 执行多条 SQL 语句

有的时候，我们需要在一张页面上同时执行多条 SQL 语句，之前的方法就是分别创建多个结果集然后使用。但这样资源消耗很大，也不利于管理。PHP 提供了执行多条 SQL 语句的方法 $_mysqli->multi_query()；

```php
// 创建多条 SQL 语句
$_sql.="SELECT * FROM tg_user;";
$_sql.="SELECT * FROM tg_photo;";
$_sql.="SELECT * FROM tg_article";
//开始执行多条 SQL 语句
if ($_mysqli->multi_query($_sql)){
//开始获取第一条 SQL 语句的结果集
$_result = $_mysqli->store_result();
print_r($_result->fetch_array());
//将结果集指针移到下一个
$_mysqli->next_result();
$_result = $_mysqli->store_result();
print_r($_result->fetch_array());
$_mysqli->next_result();
$_result = $_mysqli->store_result();
print_r($_result->fetch_array());
```

```
} else {
echo'sql 语句有误！';
}
```

6. 执行数据库事务

事务（transaction）是作为整个一个单元的一组有序的数据库操作。如果一组中的所有操作都成功，则认为事务成功，即使只有一个失败操作，事务也不成功。如果所有操作成功完成，事务则提交（commit），其修改将作用于所有其他数据库进程。如果一个操作失败，则事务将回滚（roll back），该事务所有操作的影响都将取消。

首先，您的 MySQL InnoDB 或 BDB 引擎的一种，一般来说，你安装了 AppServ 的集成包，你选择 InnoDB 的引擎的数据库即可 。如果你建立的表不是 InnoDB，可以在 phpmyadmin 里修改。

```
// 首先你必须关闭自动提交数据
$ _mysqli->autocommit ( false );
// 创建一个 SQL 语句，必须同时运行成功，不能出现一个成功，一个失败
$ _sql . = " UPDATE tg_friend SET tg_state = tg_state + 5 WHERE tg_id = 1;" ;
$ _sql . = " UPDATE tg_flower SET tg_flower = tg_flower - 5 WHERE tg_id = 1;" ;
// 执行两条 SQL 语句
if ( $ _mysqli->multi_query ( $ _sql )){
//获取第一条 SQL 一影响的行数
$ _success = $ _mysqli - >affected_rows = = 1 ? true : false ;
//下移，第二条 SQL
$ _mysqli->next_result ();
//获取第二条 SQL 影响的行数
$ _success2 = $ _mysqli - >affected_rows = = 1 ? true : false ;
//判断是否都正常通过了，两个 SQL
if ( $ _success && $ _success2 ){
$ _mysqli->commit ()
echo'完美提交！';
} else {
$ _mysqli->rollback ();
echo'程序出现异常！';
}
}
} else {
echo" SQL 语句有误:". $ _mysqli - >errno. $ _mysqli - >error;
}
// 最后还必须开启自动提交
```

```
$ _mysqli->autocommit ( true );
```

 ## 13.2　管理 MySQL 数据库中的数据

 ### 13.2.1　通过 XAMPP 访问 phpmyadmin 管理 mysql 数据库

XAMPP（Apache＋MySQL＋PHP＋PERL）是一个功能强大的建 XAMPP 软件站集成软件包，轻巧，用起来很方便。它提供了强大的 phpmyadmin 数据库管理工具，让使用者对数据库的使用和管理得心应手。对于不能在本地打开 phpmyadmin 的问题，我的解决方案如下：

MySQL 有一个默认的专用端口：3306，所以，如果你之前独立安装了 MySQL，那么 3306 端口已经被占用。安装 XAMPP 集成的 MySQL 时，必须重新设置独立的端口，否则是不能访问 phpmyadmin 的。

修改方法也很方便，打开 XAMPP 的控制面板，找到 mysql 右侧的 config，点击，会出现 my.ini 的选择项，这个就是 mysql 的配置文件了。也可以在 XAMPP 的安装路径下找：\ xampp \ mysql \ bin \ my.ini

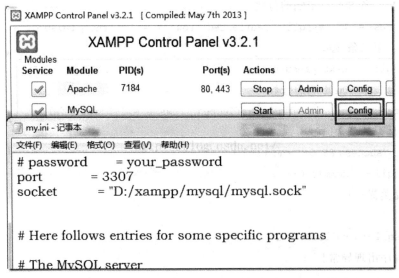

如图中所示，将端口 port 改成 3307；当然只是修改端口，还是访问不了，还要去修改 phpmyadmin 的配置文件。

打开 xampp 目录（找到 xampp 的安装目录），打开 phpmyadmin 的目录，在该目录下找到 config.inc.php，即：\ xampp \ phpmyadmin \ config.inc.php。

```
<? php
```

```
/*
 * This is needed for cookie based authentication to encrypt password in
 * cookie
 */
$cfg['blowfish_secret'] = 'xampp'; /* YOU SHOULD CHANGE THIS FOR A MORE SECURE
COOKIE AUTH! */
/*
 * Servers configuration
 */
$i = 0;
/*
 * First server
 */
$i++;
/* Authentication type and info */
$cfg['Servers'][$i]['auth_type'] = 'config';
$cfg['Servers'][$i]['user'] = 'username';          //mysql用户名
$cfg['Servers'][$i]['password'] = 'password';       //mysql密码
$cfg['Servers'][$i]['extension'] = 'mysqli';      //扩展配置，若访问出现没有
配置mysqli等错误，加上这个。默认是有的
$cfg['Servers'][$i]['AllowNoPassword'] = true;
$cfg['Lang'] = '';
/* Bind to the localhost ipv4 address and tcp */
$cfg['Servers'][$i]['host'] = '127.0.0.1';
$cfg['Servers'][$i]['connect_type'] = 'tcp';


/* User for advanced features */
$cfg['Servers'][$i]['controluser'] = 'pma';
$cfg['Servers'][$i]['controlpass'] = '';
/* Advanced phpMyAdmin features */
$cfg['Servers'][$i]['pmadb'] = 'phpmyadmin';
$cfg['Servers'][$i]['bookmarktable'] = 'pma_bookmark';
$cfg['Servers'][$i]['relation'] = 'pma_relation';
$cfg['Servers'][$i]['table_info'] = 'pma_table_info';
$cfg['Servers'][$i]['table_coords'] = 'pma_table_coords';
$cfg['Servers'][$i]['pdf_pages'] = 'pma_pdf_pages';
$cfg['Servers'][$i]['column_info'] = 'pma_column_info';
$cfg['Servers'][$i]['history'] = 'pma_history';
```

```
$ cfg ['Servers'] [$ i] ['designer _ coords'] = 'pma _ designer _ coords';
$ cfg ['Servers'] [$ i] ['tracking'] = 'pma _ tracking';
$ cfg ['Servers'] [$ i] ['userconfig'] = 'pma _ userconfig';
$ cfg ['Servers'] [$ i] ['recent'] = 'pma _ recent';
$ cfg ['Servers'] [$ i] ['table _ uiprefs'] = 'pma _ table _ uiprefs';
/ *
 * End of servers configuration
 * /
? >
```

然后在 $ cfg ['Lang'] ="　　"; 后加入以下代码即可：

```
$ cfg ['Servers'] [$ i] ['port'] = '3307'
```

保存文件，重启 apache，确保 mysql 打开，在地址栏输入 localhost/phpmyadmin，就可以直接进入 phpmyadmin 的管理界面了，如图所示：

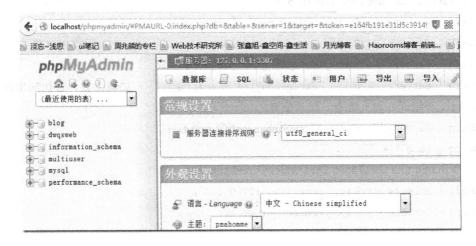

 ## 13.3　疑难解答

1. 四种查询函数的区别

mysql _ fetch _ array0 函数，从结果集中取得一行作为关联数组，或数字数组，或二者兼有，除了将数据以数字索引方式储存在数组外，还可以将数据作为关联索引储存，用字段名作为键名。

mysqli _ fetch _ obj ect0 函数，顾名思义，从结果集中取得一行作为对象，并将字段名字作为属性

mysqli _ fetch _ assoc ($ result) 等价于 mysql _ fetch _ array ($ result, MYSQL _ AS-

SOC).

mysqli_fetch_row（$result）等价于 mysql_fetch_array（$result，MYSQL_NUM）.

 ## 13.4　小结

　　本章主要介绍了使用 PHP 操作 MySQL 数据库的方法。通过本章的学习，读者能够掌握 PHP 操作 MySQL 数据库的一般流程，掌握 mysqli 扩展库中常用函数的使用方法，并能够具备独立完成基本数

　　据库操作的能力。希望本章能够起到抛砖引玉的作用，帮助读者在此基础上更深层次地学习 PHP 操作 MySQL 数据库的相关技术，并进一步学习使用面向对象的方式操作 MySQL 数据库的方法。

 ## 13.5　实践与练习

　　1. 采用 limit 子句实现分页功能。通过 liniit 子句的第一个参数控制从第几条数据开始输出，通过第二个参数控制每页输出的记录数。

　　2. 动态显示新闻信息，截取部分新闻主题字符串，屏蔽乱码。